天津大学社会科学文库
天津大学古建筑测绘实习系列丛书

天下第一雄关——嘉峪关

王其亨 主编
张龙 张凤梧 陈新长 著

天津大学出版社
TIANJIN UNIVERSITY PRESS

图书在版编目（ＣＩＰ）数据

天下第一雄关－－嘉峪关 / 张龙等著. -- 天津 ： 天津大学出版社，2020.11
（天津大学社会科学文库. 天津大学古建筑测绘实习系列丛书）
ISBN 978-7-5618-6821-8

Ⅰ．①天…　Ⅱ．①张…　Ⅲ．①古建筑－建筑测量－嘉峪关市　Ⅳ．①TJ198

中国版本图书馆CIP数据核字（2020）第216051号

Tianxia Di-yi Xiongguan -- Jiayu Guan

策划编辑　郭　颖
责任编辑　郭　颖
装帧设计　曾　程　潘雨笛　刘一铭

出版发行　天津大学出版社
地　　址　天津市卫津路92号天津大学内（邮编：300072）
电　　话　发行部：022－27403647
网　　址　www.tjupress.com.cn
印　　刷　北京华联印刷有限公司
经　　销　全国各地新华书店
开　　本　175mm×260mm
印　　张　16.25　插页2
字　　数　252千
版　　次　2020年11月第1版
印　　次　2020年11月第1次
定　　价　98.00元

出版说明

　　自然科学与社会科学如车之两轮、鸟之两翼。哲学社会科学的发展水平，体现了一个国家和民族的思维能力、精神状况和文明素质。中国特色社会主义事业的兴旺发达，不仅需要自然科学的创新，而且需要以马克思主义为指导的哲学社会科学的繁荣和发展。"天津大学社会科学文库"的出版为繁荣发展我国哲学社会科学事业尽了一份绵薄之力。

　　天津大学前身是北洋大学，有悠久的历史。1895 年 9 月 30 日，盛宣怀请北洋大臣王文韶禀奏清廷，称"自强之道，以作育人才为本；求才之道，以设立学堂为先"。隔日，即 1895 年 10 月 2 日，光绪皇帝御批，中国第一所现代大学诞生了。创设之初，学校分设律例（法律）、工程（土木、建筑、水利）、矿务（采矿、冶金）和机器（机械制造和动力）4 个学门，培养高级专门人才。1920 年教育部训令，北洋大学进入专办工科时期。

　　中华人民共和国成立后，1951 年，学校定名为天津大学；1959 年，成为中共中央首批指定的 16 所全国重点大学之一；1996 年进入"211 工程"首批重点建设高校行列；2000 年，教育部与天津市签署共建协议，天津大学成为国家在新世纪重点建设的若干所国内外知名高水平大学之一。

　　学校明确了"办特色、出精品、上水平"的办学思路，逐步形成了以工为主，理工结合，经、管、文、法等多学科协调发展的学科布局。学校以培养高素质拔尖创新人才为目标，坚持"实事求是"的校训和"严谨治学、严格教学要求"的治学方针，对学生实施综合培养，为民族的振兴、社会的进步培养了一批批优秀的人才。21 世纪初，学校制定了面向新世纪的总体发展目标和"三步走"的发展战略，努力把天津大学建设成为国内外知名高水平大学，并在 21 世纪中叶建设成为综合性、研究型、开放式、国际化的世界一流大学。

"天津大学社会科学文库"的出版目的是向外界展示天津大学社会科学方面的科研成果。丛书由若干本学术专著组成，主题未必一致，主要反映的是天津大学社会科学研究的水平，借助天津大学的平台，对外扩大天津大学社会科学研究的知名度，对内营造一种崇尚社会科学研究的学术氛围，每年数量不多，铢积寸累，逐渐成为天津大学社会科学的品牌，同时也推出一批新人，使广大学者积年研究所得的学术心得能够嘉惠学林，传诸后世。

"天津大学社会科学文库"出版内容的取舍标准首先是真正的学术著作，其次是与天津大学地位相匹配的优秀研究成果。我们联系优秀的出版社进行出版发行，以保证品质。

出版高质量的学术著作是我们不懈的追求，凡能采用新材料、运用新方法、提出新观点的，新颖、扎实的学术著作我们均竭诚推出。希冀我们的"天津大学社会科学文库"能经受得起时间的检验。

天津大学人文社科处

2009 年 1 月 20 日

序

　　筚路蓝缕，风雨兼程，从20世纪40年代初天津基泰工程
司建筑师张镈教授带领天津工商学院建筑系（天大建筑系前身）
师生测绘北京城中轴线古建筑到现在，天津大学的古建筑测绘
之路已经走过了80个年头，足迹遍及大半个中国。

　　20世纪90年代，天津大学以瞿昙寺维修保护项目为契机，
在王其亨教授带领下开启了甘青地区古建筑测绘与研究工作。
目前已完成瞿昙寺、麦积山石窟、张掖大佛寺、武威文庙、玉
树藏娘佛塔等20余项古建筑测绘、理论研究和保护实践项目。
2017年，天津大学承担了嘉峪关木构城楼现状结构分析与状态
评估、城楼三维激光扫描建模、历史文献档案收集整理与营修
史研究三项科研课题，并借机落实本科生古建筑测绘实习工作，
实施嘉峪关全部古建筑数字化测绘。现在呈现给读者的这本书，
包括嘉峪关营修史、关城建筑、测绘实录、嘉峪关认知、营修
史访谈以及测绘成果选编等项内容，详尽展现了嘉峪关历史和
古建筑测绘研究的主要成果。

　　嘉峪关位于明长城的最西端，乃"诸夷入贡之要路，河西
保障之喉襟"（《甘肃通志》），素有"天下第一雄关"之称。
据《汉书》载，汉武帝"列四郡、据两关"，在河西走廊设武威、
张掖、酒泉、敦煌四郡，开阳关、玉门关通往西域丝绸之路和
北部边疆，为河西开关肇始。现存的嘉峪关则为明代始建，书
中依据相关历史文献档案的分析，将其营修历程概括为汉代设
关、洪武肇建、正德增华、乾隆定型四个重要历史阶段；阐述
了不同阶段嘉峪关的关城以及建筑格局的主要变化，考证了嘉

峪关历史上发生三次重大改建的史实，以及乾隆五十七年（1792 年）嘉峪关大修的详细过程及重要事项；重点介绍了对关楼、光化楼、柔远楼三座三层楼阁式建筑的城台、台基、平面形式、大木作、小木作、装修彩画等所进行的详细测绘和图文整理。书中对学生的测绘过程和其对嘉峪关的认知情况予以记述，不仅涉及实习的技术教程，还有学生对实习的心路历程、人生感悟与专业洞察的写照，令人感动和欣慰。尤其还将嘉峪关 20 世纪 80 年代、21 世纪初两次修缮工程当事人的访谈情况记录在案，留下了珍贵的修缮史料。

本书也是中国长城研究的重要成果之一。21 世纪初开始，天津大学应用自主研发的低空信息技术，已经完成明长城九边重镇防御体系和历代长城边镇、堡寨、关隘的总体性研究，目前正在进行明长城边墙的实测及其监测方案构建工作。嘉峪关作为明长城的重要关隘，具有严密的区域性防御体系和典型的关隘营建特征，其研究成果可为下一步长城关隘和军事聚落的专题研究提供可借鉴的范本。

学海无涯，前路漫漫。从手工测绘制图到与三维激光扫描相结合，从地面测绘技术到低空信息技术研发与应用，从测绘实习到文物建筑保护与监测……历经长期的探索与实践，天津大学的古建筑测绘、理论研究与保护实践正在向数字化、信息化、智能化方向不断拓展和深化。我们将在探索中前行，在前行中开拓，为国家文化遗产保护传承事业贡献力量。

建筑文化遗产传承信息技术文化和旅游部重点实验室　主任

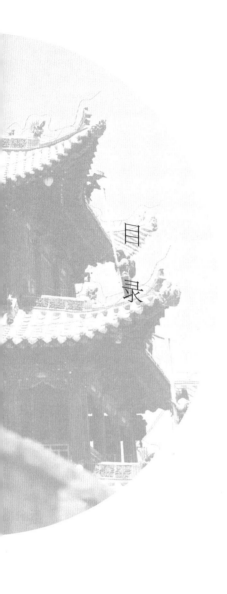

目 录

缘起 ·············· I

前言 ·············· III

第一章 关城营建史 ·········· 3

　第一节 明代之前的嘉峪关 · 4

　第二节 洪武五年肇建土城 ····· 7

　第三节 弘治六年至八年添
　　　　修边墙与关楼 ····· 10

　第四节 弘治十四年至正德
　　　　二年添修城楼 ····· 13

　第五节 嘉靖十八年修边墙、
　　　　建墩台 ······· 15

　第六节 乾隆五十四至五十
　　　　七年大修 ······· 18

　第七节 清代乾隆朝之后对
　　　　嘉峪关的修缮 ····· 23

　第八节 民国至今的修缮 ···· 24

第二章 关城建筑 ········· 29

　第一节 关 ········· 32

第二节　城 ・・・・・・・・・・・・・・ 38

第三节　庙 ・・・・・・・・・・・・・・ 49

第四节　府 ・・・・・・・・・・・・・・ 54

第五节　阁 ・・・・・・・・・・・・・・ 59

第六节　戏台 ・・・・・・・・・・・・ 64

第三章　测绘实录 ・・・・・・・・・・ 69

第一节　奔赴雄关 ・・・・・・・・・ 70

第二节　初识测绘 ・・・・・・・・・ 74

第三节　爬房上梁 ・・・・・・・・・ 82

第四节　苦中作乐 ・・・・・・・・・ 88

第五节　成果转化 ・・・・・・・・・ 91

附　录　测绘日志 ・・・・・・・・・ 92

第四章　嘉峪关认知 ・・・・・・・・ 105

第一节　嘉峪关印象 ・・・・・・・ 106

第二节　嘉峪关关城门洞拱
　　　　简述及券型分析 ・・・・・・・ 125

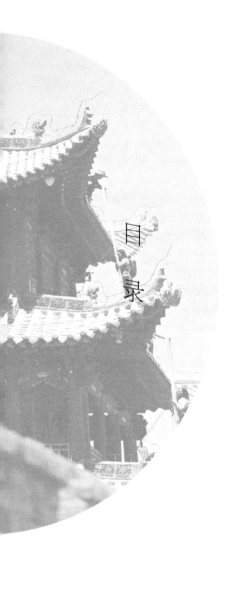

目录

第五章　　测绘成果编选 ・・・・・・・・ 135

　第一节　点云 ・・・・・・・・ 136

　第二节　摄影及速写 ・・・・・・・・ 144

　第三节　草图 ・・・・・・・・ 152

　第四节　成图 ・・・・・・・・ 158

第六章　　营修史访谈 ・・・・・・・・ 205

　第一节　嘉峪关营建史座谈记录 ・・・・ 206

　第二节　嘉峪关张斌所长访谈 ・・・・ 225

结语 ・・・・・・・・ 241

参考文献 ・・・・・・・・ 242

缘 起

　　天津大学古建筑测绘历史悠久，可追溯到1941年天津工商学院建筑系（天津大学建筑学院前身）兼职教授张镈先生带领工商学院师生与基泰工程司职员进行的北京中轴线建筑测绘。1952年，全国高等学校院系调整，原中国营造学社成员卢绳调入天津大学。作为天津大学建筑史学科的创始人，他积极倡导古建筑测绘活动，1954年将古建测绘实习课程纳入教学计划，除"文革"十年中断外，这门课程一直延续至今。

　　经过一代代师生的持续拼搏，天津大学古建筑测绘实习也收获了一系列的荣誉。1982年将测绘成果结集出版的《承德古建筑》，荣获当年全国优秀科技图书一等奖，随后由日本朝日新闻出版社翻译并在日本发行。1989年，古建筑测绘教学荣获国家级教学成果特等奖；2001年，再获国家级教学成果二等奖；2007年，古建筑测绘实习课程被评为国家级精品课程。2008年，鉴于古建筑测绘实习课程所取得的突出成绩，"文物建筑测绘研究国家文物局重点科研基地"落户天津大学。2017年，因古建筑测绘实习积累形成的"建筑遗产测绘关键技术研究与示范"获教育部科技进步二等奖。

　　八十年来，天津大学古建筑测绘足迹遍布全国19个省、自治区和直辖市，涉及北京故宫和沈阳故宫、承德避暑山庄及外八庙、明清皇家陵寝（清东陵、清西陵、关外三陵、明十三陵、明显陵）、颐和园、天坛、孔府孔庙和孔林等世界文化遗产，以及北海、太庙、曲阳北岳庙、正定隆兴寺、蓬莱水城、蓟州独乐寺、临清舍利塔、邹城三孟、聊城光岳楼、浑源悬空寺、张壁古堡、平遥民居、介休后土庙、解州关帝庙、张掖大佛寺、武威文庙、乐都瞿昙寺、黄南隆务寺、贵德玉皇阁、天津广东会馆、焦作寨卜昌村古建筑群、安阳袁林等数十处全国重点文物保护单位，完成测绘图纸两万余幅，为相关世界文化遗产申报、遗产保护以及建筑史学研究奠定了坚实的基础。

　　将教学与科研相结合，是天津大学古建筑测绘实习课程一以贯之的原则。20世纪90年代后，王其亨先生更是提出古建筑测绘实习要融入国家遗产保护实践，对测绘对象与成果均提出了更高要求。古建筑等级要高，要有一定规模，要有研究价值；测绘图纸要翔实准确，可纳入文物"四有"档案。为保证测绘成果的质量，测绘实习的时长大都突破了4周的教学计划，后续的图纸修改、整理往往都要拖到当年的寒假。将这些珍贵的图纸系统整理研究出版也一直是王其亨先生的夙愿，限于人力、时间、经费等多重因素，自1954年以来，依托测绘成果出版的仅有《承德古建筑》（1982年）、《清代内廷宫苑》（1986年）、《清代御园撷英》（1990年）、《平遥古城与民居》（2000年）、《上栋下宇——历史建筑测绘五校联展》（2006年）、《颐和园德和园大修实录》（2013年）、《中国古典园林建筑图录——北方园林》（2014年）。此外还有他人或遗产管理单位出版收录天津大学测绘实习成果的出版物，如《瞿昙寺》（2000年）、《颐和园排云殿—佛香阁—长廊大修实录》（2006年）、《蓟县独乐寺》（2007年）、《义县奉国寺》（2008年）、《颐和园谐趣园修缮实录》（2014年）等。

为更好地发挥测绘成果的学术及社会价值，建筑历史与理论研究所提出了测绘成果出版计划，在保证古建筑测绘学习教学正常进行的前提下，每年抽出两位老师负责整理出版往年测绘成果。出版成果主要有以下三种形式。一是古建筑测绘大系，以出版测绘图为核心，辅以建筑群概况与沿革介绍。2015年，在中国建筑工业出版社的支持下，研究所率先推出的《中国古建筑测绘大系——园林建筑—北海》《中国古建筑测绘大系——园林建筑—颐和园》，以及即将出版的天坛、瞿昙寺、避暑山庄、太庙均属此类。二是古建筑（测绘）研究系列丛书，以测绘调查、历史档案整理为基础，针对某一建筑单体或建筑群（园中园）开展深入的建筑史学研究，辅以翔实的测绘图纸。如目前已经出版的《沈阳故宫系列建筑研究丛书：文溯阁研究》（2017年），以及即将付梓的《颐和园测绘研究系列丛书：排云殿、佛香阁》。三是古建筑测绘实习系列丛书，全面展示测绘教学过程与阶段性成果，内容包括建筑群概况、测绘对象描述、学生认知笔记、测稿、速写、摄影、测绘图纸、测绘历程等，及时总结测绘教学得失，增加新生了解古建筑测绘实习课程的途径，参与测绘实习的同学在学期间就能看到自己的学习成果公开出版，也有利于提高学生参与古建筑测绘实习的积极性。

本书就是2018年嘉峪关测绘的教学记录，全面展现了天津大学建筑学院古建筑测绘学习教学过程与成果，希望本书的出版开个好头，也希望建筑历史与理论研究所在新时代取得新发展、新成绩！

前　言

中国是历史悠久、地域辽阔的多民族国家，自然与人文环境存在着较大差异，因此各地形成了各具特色的建筑风格，很多优秀的建筑遗产（文物建筑）传承至今，它们是中华数千年文明史的主要载体，是文化特性的延续和象征，具有颇高的历史、文化、科学、艺术和社会价值。

为认知、解读、传承这些优秀的建筑文化遗产，系统的测绘调查是必不可少的基础工作。这一点，早在1932年，中国建筑史学和文物建筑保护事业开创之初，一代宗师梁思成先生就在《蓟县独乐寺观音阁山门考》①中指出：

> 我国古代建筑，征之文献，所见颇多，《周礼·考工》《阿房宫赋》"两都""两京"，以至《洛阳伽蓝记》等等，固记载详尽，然吾侪所得，则隐约之印象，及美丽之辞藻……读者虽读破万卷，于建筑物之真正印象，绝不能有所得……故研究古建筑，非作遗物实地调查测绘不可……结构之分析及制度之鉴别……在现状图之绘制。

1944年，他又在《为什么研究中国建筑》②中强调：

> 以测绘绘图摄影各法将各种典型建筑实物作有系统秩序的记录是必须速做的。因为古物的命运在危险中，调查同破坏力量正好像在竞赛。多多采访实例，一方面可以作学术的研究，一方面也可以促社会保护。

1941—1945年，天津工商学院建筑系（天津大学建筑学院前身）兼职教授张镈先生带领工商学院师生与基泰工程司职员20余人对北京中轴线建筑进行了抢救性测绘，完成图纸700余幅。至今仍以严谨、精美而饮誉学界的这次具有探索性、开创性的测绘实践展现出高校师生承担文物建筑测绘和保护工作的独特优势。

新中国成立后，由于历史原因和管理制度问题导致高校与文物管理部门长期分离，阻碍了教学研究与保护实践优势互补的可能，制约了双方的发展，更严重影响了我国文化遗产保护事业的进步。为解决文物系统古建专业人才严重短缺的问

---

① 《营造学社汇刊》第2卷第3期. 1932：7.
② 《营造学社汇刊》第7卷第1期. 1932：11.

题，国家文物局自20世纪80年代开始与高校联合举办古建保护人才进修培训班。1992年，国家文物局组织召开全国文物建筑保护维修研讨会，邀请高校古建筑专家共同参加，充分表达了吸纳高校专业力量共同进行古建筑研究与保护的意愿。在此背景下，经国家文物局专家组单士元、罗哲文等先生的鼎力推荐，青海省文化厅于1993年委托天津大学建筑系进行瞿昙寺维修方案设计。凭借细致的现状调查，深入的历史研究，合理的保护措施，优质的现场施工，这项工程受到国家文物局专家组的一致肯定，也为天津大学在甘青地区开展工作奠定了坚实基础。随后天津大学又陆续完成了青海乐都瞿昙寺，黄南隆务寺、吾屯寺，贵德玉皇阁，玉树藏娘佛塔；甘肃永登鲁土司衙门及妙因寺，张掖大佛寺、山西会馆、鼓楼、西来寺、民勤会馆，永登显教寺及雷坛，甘谷大象山，武威文庙、大云寺、民勤圣容寺，踏实墓阙等建筑群的测绘工作。在测绘调查过程中，王其亨先生始终秉承营造学社"沟通儒匠，以匠为师"的优良传统，坚持对当地的工匠、工艺展开系统调查。在地方文物部门以及国家自然科学基金课题"甘青地区传统建筑及其保护研究"项目的资助下，《青海乐都瞿昙寺建筑研究》（吴葱）、《甘青地区传统建筑工艺特色初探》（唐栩）、《甘肃永登连城鲁土司衙门及妙因寺建筑研究——兼论河湟地区明清建筑特征及河州砖雕》（程静微）、《青海黄南隆务寺及其附属寺院建筑研究——兼论热贡艺术及藏式建筑装饰》（樊非）、《张掖大佛寺及山西会馆建筑研究——兼论河西清代建筑特征》（吴晓冬）、《青海贵德玉皇阁古建筑群建筑研究》（阴帅可）、《明清甘青建筑研究》（李江）、《明清时期河西走廊建筑研究》（李江）等论著陆续完成。其中《甘青地区传统建筑工艺特色初探》将甘青地区建筑工艺分为河州与秦州两大体系，指出在河西走廊（大丝路）核心节点的嘉峪关隶属秦州工匠体系。依托扎实的测绘调查和深入的研究，天津大学还承担了麦积山、张掖大佛寺、武威文庙、玉树藏娘佛塔及桑周寺、贵德玉皇阁、黄南隆务寺等古建筑群的保护实践项目，为甘青地区的建筑文化遗产保护做出了重要贡献。

嘉峪关是明长城九边重镇之一，万里长城西端第一关，对其古建筑群进行系统测绘、研究一直是王其亨教授的愿望。1983年他就曾赴嘉峪关考察，并对相关建筑进行记录。2003年，为巩固与甘青当地良好的合作关系，系统开展河西地方传统建筑的测绘与研究，王其亨教授陪同85岁高龄的冯建逵教授调查甘青建筑遗产，与马国帮馆长商谈嘉峪关的古建测绘事宜。2013年，文物建筑测绘研究国家文物局重点科研基地在天津大学挂牌，甘肃省文物局杨惠福、肖学智两位局长出席活动，期间又与王其亨教授谈到嘉峪关测绘事宜。为进一步推动嘉峪关的信息化测绘，吴葱教授积极与管理单位沟通，策划"柔远楼、光化楼空地一体化测绘与建筑信息模型开发"项目，但囿于管理单位人事变动以及经费等问题，该项目迟迟未能立项，嘉峪关测绘工作也一直未能展开。在此期间，以嘉峪关为对象，天津大学先后完成了《嘉峪关关城木构建筑研究——兼论河西地区楼阁建筑特色》（2013齐斯洋）、《基于CGB技术的河西建筑信息化研究》（2013刘慧媛）、《基于HBIM的嘉峪关信息化测绘研究——以嘉峪关木构建筑为例》（2015李珂）三篇硕士论文。与此同时，张玉坤教授领衔的长城堡寨团队也完成了硕士论文《明长城肃州路嘉峪关防区军事防御体系研究》（2012刘碧峤），从防御以及长城堡寨体系的视角，进一步扩展了对嘉峪关的研究。

2015年6月，天津大学与江苏瀚远科技股份有限公司联合成立"文化遗产监测（数字建筑遗产）研究中心"。9月，在该公司的推荐下，吴葱、刘刚、巴振宁、张龙一行四人赴嘉峪关就遗产监测课题进行沟通，全面展示了天津大学在文献档案整理、建筑史学研究、信息化测绘、结构模拟分析、建筑结构变形监测、表面变化监测、数字化展示等方面的成果与优势，提出了15个课题建议。经管理单位与相关专家反复沟通，最后确定了嘉峪关世界文化遗产监测系统工程（二期）的四个子课题：①嘉峪关夯土遗址病害监测研究；②嘉峪关木构城楼现状结构分析与状态评估研究；③嘉峪关城楼三维激光扫描建模及人员培训；④嘉峪关历史文献档案收集整理与营建史、修缮史研究。随后经历了三次招投标，在白成军老师的精心组织与不懈坚持以及吴葱、刘刚、巴振宁、周婷、杨建民等老师的全力配合下，天津大学于2017年9月成功获得2、3、4标段。文化遗产保护类科研、实践课题支持教学是天津大学建筑学院一以贯之的传统，在王其亨教授的动员下，三个中标项目为嘉峪关古建筑测绘实习提供了经费支持。2018年6月，王其亨教授又亲赴嘉峪关做客"丝路大讲堂"，与管理单位沟通，说服管理单位接收学生测绘实习。

为了更全面、快捷地获取建筑空间信息，尽量降低爬房、上梁可能会给文物建筑与学生带来的安全隐患，自2006年以来，天津大学古建筑测绘实习就陆续采用三维激光扫描技术、低空摄影测量技术，辅助传统手工测量。在教学与实践中不断总结多源信息采集手段相互配合的技术路线，充分发挥各种手段的优势，最终确定了三维扫描先行的方针。因此，2018年7月初，白成军老师带领三维扫描组，驱车2000余公里（1公里=1千米），奔赴嘉峪关，先行采集建筑三维空间数据。7月15日，嘉峪关测绘大部队60余人从天津向嘉峪关东闸门外阳关故人青年旅社集结，在王其亨教授的指导下开始了为期13天的现场工作。返校后，师生们经过近一个月的集中制图以及长达半年之久的修改、校对、审核，共完成图纸463幅，实现了嘉峪关全部古建筑的数字化。

三维激光扫描以及低空摄影测量技术具有明显优势，但在全面测绘中也有其短板，如山花、檩上皮、斗栱间隙等空间狭小部位，扫描仪与摄影设备也无法获取数据。在这方面，传统手工测量具有不可取代的优势。借用陆游《冬夜读书示子聿》诗文后两句，稍加改动便可概括新技术手段与上房测量之间的关系，"点云影像终觉浅，绝知此事要上房（梁）"。为了让学生能够了解建筑各部位的构造关系，我们现场租借了20副门式架，3部6米长抽拉梯，把学生送上了包括3座3层城楼在内的所有建筑屋面与梁架。如此动作，在旅游旺季，尤其是有着一支认真、敬业管理队伍的嘉峪关，着实不易。嘉峪关屋面均为布瓦，屋面搭设梯子难免会造成局部筒瓦、勾头滴水的松动，而攀爬屋面和梁架也容易引起游客围观，这些都牵动着现场管理、巡查人员的神经。因此我们不仅要做好各项测绘安全措施，还要做好向游客与管理人员解释的工作，这也是嘉峪关测绘最为困难的事情。现场测绘作业结束后，带队教师与管理人员一道对屋面破损情况进行了详细勘察，并委托负责嘉峪关日常保养的队伍进行整修，及时消除因瓦面破裂、松动带来的安全隐患。

除此之外，嘉峪关测绘实习还有两难。一是现场测绘作业难。嘉峪关是著名旅游目的地，暑期游客更多，测绘作业时间受到影响。比如戏台组同学每天必须利用一早一晚的时间工作，避开戏剧演出时间；各城门的外檐及屋面测量也要避开游览高峰期，并做好警戒与安全告知工作；另外，嘉峪关大部分建筑都在城台之上，梯子、门式架搬运困难；嘉峪关三座城楼的一层、二层屋面相对较短，在其上搭设梯子更加困难。二是筹集经费难。每年参与古建筑测绘的师生大约170人，其中教师10人左右，带队研究生约20人，绘图研究生约20人，本科生约120人。经费开支主要包括差旅、食宿，测量工具的更新、租赁，图纸打印，带队研究生的补助等。古建筑测绘实习课程是国家级精品课程，学校每年有10万元左右的实习经费，本科生人均800元左右，如在华北地区中小城市实习，基本能满足本科同学的差旅、食宿开支。而教师、研究生的实习经费都是研究所自行筹集，如找实习单位资助、教师相关科研与实践项目经费补贴等。嘉峪关路途遥远，差旅成本激增，嘉峪关遗产监测课题三个标段的负责老师均慷慨解囊，学院又额外予以补贴，解决了实习经费不足的难题。

以上简要回顾了嘉峪关测绘实习背后的故事，也全景展现了测绘实习的重要内容，权作前言，以此对嘉峪关测绘的促成者、支持者、关注者和参与者表示感谢！

张龙

2019年8月25日

第一章
关城营建史

　　通过对相关历史文献、碑刻、清宫档案、影像等的搜集、整理、分析，我们将嘉峪关的营建分为汉代设关、洪武肇建、正德增华、乾隆定型四个重要历史阶段，按时间顺序阐述了不同阶段嘉峪关的关城以及建筑格局的主要变化；并通过分藏在海峡两岸的清宫档案，全面再现了乾隆五十七年（1792年）嘉峪关大修的过程及内容，揭示了关楼、城楼历史上至少发生过三次重大形象变化的历史史实。本书还回顾了 1985—1989年和 2011—2016年的两次重要修缮工程。

左图　《蒙古山水地图》（局部）明嘉靖三年至十八年（1524—1539年）

今天说起"嘉峪关"，实际上有三层含义。一是作为长城关隘的嘉峪关，指代以嘉峪关城门为核心的关城建筑群，这也是本书所探讨的核心。二是泛指肃州卫（今酒泉市）以西，文殊山以北、黑山以南的山谷，或称之为嘉峪。历史上内地通往西域之路在这一带，西汉时期的玉门关（也称玉石障）就位于嘉峪关以北的石关峡一带。三是指代嘉峪关市。嘉峪关一带历史上一直由河西四郡之一的酒泉（隋代之后又称肃州）管辖。新中国成立后，因在酒泉西南祁连山腹地发现铁矿，于是在嘉峪关东北6公里的戈壁滩上建设酒泉钢铁厂，设立嘉峪关临时管理委员会。之后城市逐渐发展，并于1971年正式成为"政企合一"的地级市。今关城总占地面积约33500平方米，由内城、罗城、瓮城、城楼、城门、城壕及其他附属建筑物组建而成。1961年，嘉峪关关城被列为第一批全国重点文物保护单位。1987年，关城作为长城的一部分，被联合国教科文组织列入《世界遗产名录》。

第一节　明代之前的嘉峪关

一、嘉峪山

嘉峪之名，从字面看就是美好的山谷，文殊山脚下讨赖河自西向东流过，北侧岗阜有九眼泉，"冬夏澄清，碧波不竭，沃地数顷"[①]，堪称嘉峪。然而"嘉峪"一词何时出现，嘉峪关是否因嘉峪山而得名？嘉峪山之名何时出现，又具体指向哪一座山？目前相关认知多来自以下文献。

乾隆二年（1737年）刊印的《重修肃州新志》卷二：

> **文殊山**：城（肃州）西南三十里（1里=500米），山峡之内，凿山为洞，构房为寺，内塑佛像。

> **嘉峪山**：在州西七十里，山之北麓即嘉峪关，一名玉石，山下有九眼

---

① ［清］黄文炜，沈青崖.重修肃州新志.万方方志图书馆.

泉。①

万历四十四年（1616年）成书的《肃镇华夷志》卷一《山川》：

文殊山：城西南三十里，山峡之内，凿山为洞，盖房为寺，内塑佛像……有元太子《喃答失重修碑记》刊石，两山南北对峙，中有泉水东流。

今黑山、黑山湖　嘉峪关　今文殊山文殊寺　鼓楼
距城中心约33公里　距城中心约26公里　距城中心约18公里　肃州城中心

讨赖河

嘉峪关周边山城关系示意图

嘉峪山：城西去七十里，即有古玉石山。②

《重修肃州新志》有关文殊山的描述显然是因承了《肃镇华夷志》的记载，文殊山即今日之文殊山，距肃州城三十里，与现状基本吻合。有关嘉峪山的记载二者略有不同，《肃镇华夷志》记载简略，有"去城七十里有古玉石山，今名嘉峪山"之意；《重修肃州新志》则有所发展，但在玉石山（嘉峪山）与嘉峪关的空间关系描述上与实际明显不符，南北颠倒。

乾隆四十七年（1782年）《皇舆西域图志》卷八：

肃州卫西有嘉峪山，其西麓即嘉峪关也。③

天顺五年（1461年）成书的《明一统志》卷三十七：

嘉峪山在肃州卫城西，一名玉石山……黑山在肃州卫城北……嘉峪关在肃州卫城西六十里……城南又有文殊山。④

查阅历代方志，发现最早有关"嘉峪山"的记载都在明代之后，均指明嘉峪山在肃州城西，古玉石山也。而玉石山何时更名为嘉峪山，嘉峪关是否因该嘉峪山而得名，依然未有明确答案。

① [清]黄文炜，沈青崖.重修肃州新志.万方方志图书馆.
② [明]张愚，李应魁，著，高启安，邰惠莉，点校.肃镇华夷志.兰州：甘肃人民出版社，2006：85.
③ [清]傅恒.皇舆西域图志.文渊阁本四库全书内联网版.
④ [明]李贤.明一统志.文渊阁本四库全书内联网版.

又元代《重修文殊寺碑铭》中有：

> 肃州西南三十里嘉峪山者……林泉秀美，洞壑寂寥。[①]

由此则可推断，肃州城西南的文殊山，明初仍名为嘉峪山，嘉峪关即因此得名。因山中有古刹文殊寺，嘉峪山又名文殊山，并逐渐取代嘉峪之名，延续至今。而玉石山则因嘉峪关的兴建，而被命名为嘉峪山。

二、嘉峪山一带明代之前的关防

嘉峪山地处河西中部偏西，属祁连山余脉，自东南向西北延伸30余公里，与马鬃山支脉黑山相连。两山之间谷地南北宽约15公里。由远而论，其东以关辅为内庭，西以伊循为外屏，南以青海为亭障，北以大漠为斥堠（《肃州新志·形胜》），襟山带河，足限戎马，所谓西陲锁钥也。由近而论，面瞰雪岭，北倚黑山，南凭文殊，中有水淳（九眼泉），内有讨赖、红水之漾洄，外有黑河、白湖之环绕，群峰拱卫，虎踞豹隐。虽地兼沙卤，居杂戎番，而泉香、土沃、草茂、牧肥[②]。如此形胜，自古以来就是兵家必争之地，往来商贾交通之要道。

西汉元狩二年（公元前121年），霍去病逐匈奴出河西，汉武帝设置武威、张掖、酒泉、敦煌四郡，为防匈奴越界偷袭，曾多次修筑长城塞垣，元鼎六年（公元前111年）由"令居筑塞西至酒泉"，就曾在嘉峪关西北6公里的石关峡设玉门关。太初三年（公元前102年）路博德从皋兰起沿黄河，经居延、金塔、安西、敦煌至玉门修筑边墙，汉长城进一步向北向西拓展，玉门关也随之西迁。五代宋初，回鹘与瓜沙归义军以嘉峪山、黑山一线为界，玉门关又东移至石关峡。北宋景祐三年（1036年），西夏占领整个河西走廊，玉门关从此销声匿迹[③]。后来随着蒙古大军西征，蒙古人在石关峡以南嘉峪山平岗开辟了新的道路，并逐渐取代石关峡，成为酒泉（肃州）西进安西、敦煌的主要隘口，在一定意义上也可以说嘉峪关就是早期石关峡玉门关的延续。明初嘉峪关一带为旧玉门关之说仍在民间流传，永乐十二年（1414年），吏部员外郎陈诚等护送西域使臣途经嘉峪关有记：

> （正月）十七日，晴。过嘉峪关，关上一平冈，云即古之玉门关，又
>
> 云榆关，未详孰是。

---

① 郑亚军.嘉峪关金石考释.兰州：甘肃文化出版社，2015：35-36.
② 吴生贵，王世华，校注.肃州新志校注.北京：中华书局，2006：88.
③ 李并成.玉门关历史变迁考.中共嘉峪关市委宣传部，甘肃省历史学会.嘉峪关与丝绸之路历史文化研究.兰州：甘肃教育出版社，2015：10-20.

这也印证了光绪朝《肃州新志》"宋元以前有关无城，聊备稽查"①之说。

第二节　洪武五年肇建土城

一、嘉峪关的肇建

明洪武五年（1372年）初，明廷为肃清元残留势力，组织三路大军对北元进行了第二次征伐，史称岭北之战。征虏大将军魏国公徐达率领的中路军冒进轻敌，于岭北被元军击败；左副将军曹国公李文忠率领的东路军于称海（今蒙古国境内）与元军僵持不下，被迫退兵；只有征西将军宋国公冯胜率领的西路军所向披靡，一路攻至瓜州（今甘肃安西）、沙州（今甘肃敦煌西北）。岭北战争实际上以明廷的失败告终。朱元璋也清楚地意识到，目前明廷的实力，短时间内难以击败北元。因此，他明确主张"持重固边"，在军事战略上由主动出击变为积极防御，不为扩大土地而盲目用兵，对边疆地区严加守备，为王朝初定的发展创造了有利环境。在这一思想的指导下，冯胜选址肃州以西嘉峪山、黑山之间建关设防，将西至敦煌、北至沙漠的广大区域作为军事缓冲地带②。通过朝贡、互市、招抚、封册等羁縻手段，争取周边少数民族对明廷的归顺，利用其军事力量，充当西陲屏藩，先后设立安定、阿端、曲先、罕东、沙州、赤斤蒙古、哈密七卫，史称"关西七卫"。嘉峪关就是在这样的背景下建立的。

据嘉靖二十三年（1544年）创稿的《肃镇华夷志》记载：

嘉峪关，设在临边极冲中地，土城周围二百二十丈。③

另据乾隆二年刊印的《重修肃州新志》记载：

明初宋国公冯胜略定河西，截敦煌以西悉弃之，以此关为限，为西北极边。筑以土城，周二百二十丈，高二丈余，阔厚丈余。址倚岗坡，不能凿池。④

按一丈3.2米算，明代的二百二十丈合704米，与现在嘉峪关内城的周长（含光化、柔远两座城门的瓮城）基本一致。城高两丈（6.4米）则远低于现状的10.7

---

① 吴生贵，王世雄，校注.肃州新志校注.北京：中华书局，2006：130.

② [清]顾祖禹《读史方舆纪要》卷六十三·陕西·十二中载："明初，收河西地，西抵玉门，北至沙漠，而仍以嘉峪为中外巨防。"

③ [明]张愚，李应魁，著，高启安，邰惠莉，点校.肃镇华夷志.兰州：甘肃人民出版社，2006：13.

④ 吴生贵，王世雄，校注.肃州新志校注.北京：中华书局，2006：130.

米，"阔厚丈余"也不及现状的6.4米。由于城位于岗阜之上，而不能开挖护城河。

明代初期，真正的边境并不在嘉峪关一线，因此，洪武初创时嘉峪关仅有方城一座，并无西侧嘉峪关城关及两侧边墙，城上也无城楼。有关这一时期城堡的普遍形式，嘉靖朝曾任甘肃巡抚的陈棐在《边防碑》中写有：

> 河西城堡，土沙碱而制低薄，全无砖石，券洞皆板，门关无铁，挖之即颓，烧之即煨。乃知金墉、玉关，徒为称美，全无事实也。[①]

《蒙古山水地图》中的苦峪城

以上描述虽显夸张，但基本是明初西北大多数城堡的真实写照，洪武朝嘉峪关的形象类似《蒙古山水地图》中嘉峪关以西没有城楼的苦峪城。

据万历十年（1582年）《重修武安王庙碑记》记载：

> 酒泉西，古创嘉峪关，乃华夷天限，西面长城，北门锁钥也。关治东始创，是关创建汉寿亭壮穆义勇武安王庙，所以保障兹关，以永终吉者也……万历六年，膺承天眷，命守斯关，驻麾是地，诸谒神庙，观其规模狭隘，像仪矮卑，心即歉然而欲新之……迨辛巳秋，权乘政隙……易移庙制，另创圣像，楮列侍翊于九，卑者高焉，损者新焉，恢弘其殿宇……万历十年岁次壬午夏六月。[②]

由此可以推断，洪武五年营城之初，就已建有关帝庙，规模较小。

二、嘉峪关的隶属与级别

第一层级：大都督府、右都督府

明代立国之初，立大都督府，设内外卫所及各都指挥使司。为防止军权过分集中，洪武十三年（1380年）将大都督府分中、左、右、前、后五都督府。其中右都督府管辖陕西都指挥司、陕西行都指挥司、四川都司、四川行都司、广西都司、云

---

① 《重修肃州新志·文艺》，转引自高凤山，张军武.嘉峪关及明长城.北京：文物出版社，1989：58.
② 郑亚军.嘉峪关金石考释.兰州：甘肃文化出版社，2015：55.

南都司、贵州都司①。

第二层级：陕西都指挥司、陕西行都指挥司

洪武三年（1370年）设西安都卫，治西安府。随着西北疆域的拓展，洪武七年（1374年）七月在河州（今临夏）设西安行都卫，初领河州、朵甘、乌斯藏三卫。洪武八年十月改西安行都卫为陕西行都指挥使司。洪武九年十二月，行都指挥使司废，十二年复设，治庄浪（今永登），二十四年（1391年）治所从庄浪迁至甘州（今张掖）。领甘州左卫、甘州右卫、甘州中卫、甘州前卫、甘州后卫、永昌卫、庄浪卫、凉州卫、西宁卫、山丹卫（以上旧属陕西都司）、肃州卫、镇番卫、镇夷千户所、古浪千户所、高台千户所。②

第三层级：甘肃卫、肃州卫

洪武五年（1372年）宋国公冯胜定河西、平甘肃，十一月改元代甘肃路为甘肃卫，治甘州（今张掖）。洪武二十七年（1394年）十一月置肃州卫，治肃州（今酒泉）。据《肃镇华夷志》记载：

> 肃州，设在平川，名酒泉。三面距边，砖包城一座，周围八里三分；土筑东关一座，周围二里四分……所管墩台五十座，共长一百四十里。山壕一道，长二十八里。兵备道一员，参将一员，囤监通判二员，吏典二员，经历一员，司典一员，教官一员……五所千户五员，营卫马步官军二千二百六十八名，马骡一千三百八十三匹头。③

第四层级：嘉峪关

嘉峪关先属甘肃卫，后属肃州卫。据成书于万历四十四年（1616年）的《肃镇华夷志》记载：

> 嘉峪关，设在临边极冲中地，土城周围二百二十丈……内设守备官一员，把总官一员，军丁二百三十六名，马骡一百二十八匹头……腹里、沿边境外墩台三十九座，所管边墙二截，南至讨赖河岸墩起，东北至野麻湾界止，长三十五里。④

肃州卫下属的城堡还有新城、两山口、下古城、金塔寺、卯来泉、金佛寺、野麻湾⑤。这七座城堡建置时间前后不一，但与嘉峪关一样，均为土城，从城池与驻防军丁来看，均属中等规模（见表1）。

① 大明会典.卷之一百二十四.文渊阁四库全书内联网版.
② 明史.志第十八 地理三.文渊阁四库全书内联网版.
③ [明]张愚，李应魁，著，高启安，邰惠莉，点校.肃镇华夷志.兰州：甘肃人民出版社，2006：10.
④ [明]张愚，李应魁，著，高启安，邰惠莉，点校.肃镇华夷志.兰州：甘肃人民出版社，2006：13.
⑤ [明]张愚，李应魁，著，高启安，邰惠莉，点校.肃镇华夷志.兰州：甘肃人民出版社，2006：117.

表1　肃州卫及其下属城堡规模与驻军人数统计表

序号	名称	城池规模	城池类型	军备
1	肃州	城：八里三分	包砖	兵备道一员，参将一员……营卫马步官军二千二百六十八名
		东关：二里四分	土城	
2	嘉峪关	二百二十丈	土城	守备官一员，把总官一员，军丁二百三十六名
3	野麻湾	一百四十丈	土城	防守官一员，军丁一百三十名
4	新城	二百一十五丈	土城	防守官一员，军丁二百一十九名
5	两山口	一百二十丈	土城	防守官一员，军丁一百六十二名
6	金塔寺	一百九十丈	土城	守备官一员，把总官一员，军丁四百七名
7	下古城	二百八十丈	土城	守备官一员，把总官一员，军丁三百九十二名
8	金佛寺	二百四十丈	土城	内设防守官一员，军丁一百四十三名
9	卯来泉	一百四十丈	土城	内设防守官一员，军丁一百二十五名

第三节　弘治六年至八年添修边墙与关楼

弘治六年至八年（1493—1495年）添修边域与关楼，这一认知主要来自以下两则史料。一是乾隆二年（1737年）成书的《重修肃州新志》：

> 嘉峪关楼，在关西城门上，副使李端澄（明弘治中期至正德初任肃州兵备副使）建。[①]

二是乾隆七年（1742年）成书的《敦煌杂钞》：

> 弘治七年（1494年），以土鲁番叛，闭关绝西域贡。弘治八年，巡抚（当时应为按察使、右佥都御史）许进出关，入哈密，土鲁番遁去。兵备道李端澄构大楼以状观，望之四达。[②]

以上记载据添修关楼已250余年，其源自早期志书或相关碑刻，尚不可考，但所载弘治添修关楼的说法应该是可靠的。笔者查阅相关史料，又发现三条早期材料可以佐证。

顺治十五年（1658年）成书的《明史纪事本末》卷四十：

> 弘治六年冬十月，土鲁番复入哈密，执陕巴（哈密国忠顺王），支解阿术郎，掠金印去……海（兵部侍郎张海）等至甘州，遣哈密人赍玺书往责阿黑麻归陕巴，不报。乃修嘉峪关。

---

① [清]黄文炜，沈青崖.重修肃州新志.酒泉县博物馆翻印，1984：55.

② 转引自高凤山，张军武.嘉峪关及明长城.北京：文物出版社，1989：16.

此次吐鲁番入侵哈密事件，时任甘肃按察使、右佥都御史许进所撰《平番始末》中亦有记载：

> 遂侵哈密，杀阿木郎，复虏陕巴、金印以去，时弘治六年也。事闻，上命兵部右侍郎张海、都督佥事缑谦往经略之。时阿黑麻所遣入贡头目写亦满速儿等四十余人适在京师，遂敕同张、缑以往。阿黑麻得敕不报，而但整饬士马，声言欲东向。张、缑计无所出，乃修嘉峪关等处，清查各卫寄居哈密夷人名数，遂归。上怒其经略无状，又不闻命擅回，下锦衣狱从重治。

顺治二年（1645年）开始编纂，乾隆二年（1737年）定稿的《明史》志第十八卷《地理三》中有：

> 肃州卫元肃州路，属甘肃行省。洪武二十七年（1394年）十一月置卫。西有嘉峪山，其西麓即嘉峪关也。弘治七年正月扁（通匾）关曰镇西。

关于嘉峪关南北边墙，目前学界普遍认为是嘉靖十八年（1539年）大学士翟銮巡边之后所修，而如下材料中"打倒边墙二处""墙壕俱损""仍于壕内凑立边墙""古迹倾圮，经大学士翟銮、兵备李涵修筑"等表述，都从侧面反映早在嘉靖十八年之前，嘉峪关南北已有边墙营建。

明谢蕡《后鉴录》载：

> 速坛满速儿、火者他只丁、牙木兰……于正德十一年（1516年）十一月十五日到嘉峪关迤南，打倒边墙二处，入境到鬼儿坝堡地方。

《明实录·明孝宗实录》卷一百九十九：

> 弘治十六年（1503年）五月己巳，镇守甘肃总兵官都督刘胜奏备边四事……甘肃一带孤悬河外，前镇巡官议自庄浪接宁夏冈子墩起，至肃州嘉峪关讨赖河止，修筑边墙总二千六百七十八里……兵部覆奏宜行，总制尚书秦纮移文各镇巡等官计议，可否具奏，命各镇巡等官从长计议以闻。

明嘉靖二十一年刻本《陕西通志》：

> 弘治十六年（1503年）夏，（秦纮）命其三边与其腹里重修城堡关隘一万四千一百九处，铲崖设险三千七百余里。

光绪朝《肃州新志》关隘条、边墙条：

> 嘉峪关……嘉靖十一年（应为嘉靖十八年），尚书翟銮巡边，言嘉峪关最临边境，为河西第一隘口，墙壕淤损，宜加修茸，仍于壕内凑立边墙。[①]

---

① 吴生贵，王世雄，校注.肃州新志校注.北京：中华书局，2006：210.

嘉峪关，所管边墙二截……古迹倾圮，经大学士翟銮、兵备李涵修筑。[①]

嘉峪关南北两侧的边墙具体是什么时间始建的？结合上述材料，笔者推测应为弘治六至八年（1493—1495年），主要有如下考量。

①吐鲁番叛乱，没有边墙的嘉峪关不能成为肃州卫的有效屏障，兵部右侍郎张海、都督金事缑谦到达嘉峪关后未能顺利平乱，进而策划修建边墙巩固边防合乎情理。

②关西城门如果没有南北边墙，也就失去了其存在的意义。

③正德二年（1507年）碑记中未载边墙修筑事宜（详见下文），也说明边墙的修筑在此前已经完成。

《蒙古山水地图》中的嘉峪关

综上可以推断，此次添修关楼，因弘治六年吐鲁番入侵哈密而起，兵部右侍郎张海、都督金事缑谦携部下阿黑麻前往平乱，却遭阿黑麻反水，无计可施，只能策划加强关防建设。添修工程由时任肃州兵备道的李端澄负责，弘治七年动工，并在关上题匾"镇西"，将镇抚吐鲁番的希望寄托在宏伟的关楼与坚固的边墙上。对于这一结果，弘治皇帝显然非常不满，又于弘治八年复派甘肃按察使、右金都御史许进平番。

经过此次建设，嘉峪关西添设了城门城楼及南北边墙，城楼的形式应该与《蒙古山水地图》中卷首嘉峪关的形象相仿，其具体形式有待进一步考证。

---

① 吴生贵，王世雄，校注.肃州新志校注.北京：中华书局，2006：209.

第四节 弘治十四年至正德二年添修城楼

目前学界普遍认为正德元年至二年（1506—1507年）嘉峪关添修东西城楼，这一观点来自《嘉峪关碣记》碑文。

正面：嘉峪关碣记

建修玄帝庙碣记

皇明肃州卫嘉峪山关内居中第，旧有玄帝庙，岁戍官军百余，西域往来使旅祈仰，无不感应。正德改元，丙寅秋八月，钦差整饬肃州等处，兵备副宪李公端澄遵成命起盖关东、西二楼暨官厅、夷厂、仓库，推委镇董（监）工，今年丁卯春二月落成。惕睹高真，祠居下临，恭虔叩请，三卜俱吉，遂协心捐资，移建与关南城上。向北筑基，重修庙一所，中塑玄天上帝，两壁绘诸天神将，金饰辉煌，神威炫耀，凡有祷事必应。因立碣以记其颠末。

《嘉峪关碣记》碑正面

《嘉峪关碣记》碑背面

背面：关城周围贰百丈，西楼壹座，伍间转柒；仓库玖间；东楼壹坐，叁间转伍；夷厂叁拾陆间；玄帝庙一所；官厅一所，壹拾肆间；门楼壹座。（高真祠）

从碑文所记载建筑数量来看，此次工程浩大，而且涉及夯土工程。从碑文所记时间来看，工程始于正德元年八月，竣于正德二年二月，历时仅六个月。

查阅嘉峪关地区气温数据，日均气温稳定在5摄氏度以上的时段是从4月7日到10月11日；每年10月中下旬开始出现夜冻日消现象，11月下旬进入稳定冻结期。5~10厘米土层解冻期平均在3月上旬，历年平均冻土深度达108厘米。近百年来全球变暖趋势日益加剧，明代嘉峪关地区的气温较现在会更低，冰冻期会更长，冻土层会更深。作为以夯土为重要营建材料的城关建设，不可能在正德元年农历八月（阳历）到次年农历二月之间大规模施工。因此可以推断，这次工程应该早在正德改元之前就已经动工，一直延续到正德二年告竣。负责纪功碑的官员，可能因正德改元，就把敕修嘉峪关的功绩都记在了新皇帝的头上。这次工程具体启动的时间与动因在《明史·兵志》中也有所记载：

弘治十四年（1501年），设固原镇……乃改平凉之开成县为固原州，隶以四卫，设总制府，总陕西三边军务。是时陕边惟甘肃稍安，而哈密屡为土鲁番所扰，乃敕修嘉峪关。[1]

由此可以推断，在弘治六年添修边墙、关楼后，为进一步完善嘉峪关的防御体系，弘治十四年又敕修嘉峪关。承修此次工程的官员、工匠，《嘉峪关碣记》中亦有记载：

操领把总都指挥芮宁（正德十一年战死沙场），操领把总都指挥芮纲，掌印指挥佥事夏忠，管屯指挥佥事李杲，管人夫指挥佥事丁玺，防守指挥同知李玉，守关指挥佥事卢清，董工总提督监造百户王镇，管理人夫百户邢来，收执木瓦百户孙刚，总作木匠赵升、武得、高谦，铁匠王表，油匠宗海，画工冉惠，石匠李雅玉，瓦匠崔伏，石匠柴宣，书写司达。

从碑文记载来看，西楼五间转七、东楼三间转五，二者尺度不同，与现状二者城台尺寸差异是一致的，由此也说明现状的柔远、光化二楼已与始创形象相差甚远，具体形式还有待进一步考证。所载门楼一座是否是东闸门，还是另有所指，尚有待进一步考证。

---

[1] 文渊阁本《四库全书》，内联网版.

碑右侧还刻有七言律诗一首：

　　承委边关创立修，庙宇官厅可完周。磨砖砌就鱼鳞瓦，五彩妆成碧玉楼。东通山海名威显，西阻羌戎第一州。感蒙圣朝从此建，永镇诸夷几万秋。

此时的嘉峪关"关限华夷"的"雄关意向"已经形成。与永乐十四年（1416年）陈诚在《宿嘉峪山》中"朝离酒泉郡，暮宿嘉峪山。孤城枕山曲，突兀霄汉间……西游几万里，一去何时还"①所描绘的"孤城"的凄凉景象已有天壤之别。

第五节　嘉靖十八年修边墙、建墩台

嘉靖十七年（1538年）十二月初四，嘉靖皇帝生母章圣蒋太后去世，他决定亲自将其梓宫送至湖北与父陵合葬，因"虑塞上有警，议遣重臣巡视"。兵部尚书兼右都御史翟銮领命巡边，在甘肃与总督刘天和议拓嘉峪关，言：

　　嘉峪关最临边境，为河西第一隘，而兵力寡弱，墙濠淤损，乞益兵五百防守，并修浚其淤损者，仍于濠内添筑边墙一道，每五里设墩台一座，以为保障，上从其议。②

具体工程由肃州兵备副史李涵负责，即使李涵调任陕西参政，依然督工嘉峪关③，谨遵兵部尚书张瓒"宜令专官督理务期坚固以图经久"④的要求。

此次边墙、墩台修筑取得圆满成功，起到了很好的防卫之效，《肃镇华夷志》中有载：

　　嘉靖二十二年（1543年）七月十四夜，套虏潜至关西，欲袭肃州，指挥李玉守关，病失探备。致虏掘长城，而斧金不入。后钻地穴以入内境。及明，四野知觉，而人入城大半矣。使非长城之限，钻掘之难，肃州人民殆亦几无孑遗矣。此生民得生之恩，实翟、李二公之功也。参将崔麒议筑居中墩台，亦不为无见。今几数十载矣，城无倾损崩圮者，指挥蔡纪之辈可谓忠于事矣。⑤

---

① 孙一峰，王福民.嘉峪关诗选.兰州：甘肃人民出版社，1987：263.

② 《明实录·世宗实录》卷之二百二十九，文渊阁本《四库全书》内联网版。

③ 《明实录·世宗实录》卷之二百三十六："嘉靖十九年四月壬申，改苑马寺卿李涵添注陕西右参政，时涵为肃州兵备副使，议修嘉峪关事，方经始会升苑马卿，总督刘天和会抚按保留之，乃改陕西参政，仍督工嘉峪关。"

④ 《明实录·世宗实录》卷之二百四十五，文渊阁本《四库全书》内联网版。

⑤ ［明］张愚，李应魁，著，高启安，邰惠莉，点校.肃镇华夷志.兰州：甘肃人民出版社，2006：114.

翟銮因首议之功，荫子翟汝俭为试中书舍人[1]。

此次墩台修筑，是明代长城防卫体系的一次创新与完善，嘉靖十七年曾陪翟銮巡边的杨博[2]在后来再覆《陕西总督刘天和议筑墩台疏》时，对边墙内外筑墩的做法给予了高度肯定：

今总督尚书刘天和举以为言、诚为老成之见、臣等反复参详、为利有四。平时驱以筑堡，力少工大，怨咨随兴，若修墩则随处可为人人可办、其利一也；常时遇警，则小堡并入大堡，中途遇虏，辄为所掠，或收敛不及，则人畜为之一空，若墩既设，则村庄堡寨，人人皆知所趋避，民命必能保全，其利二也；频年虏一入边，乘胜长驱，如履无人之境，若墩既设立，则烽火遍于四境，自足以慑虏之心、夺虏之气，其利三也；虏以逐水草为主，若有水去处尽筑墩台，如铁柱泉之法，则虏计穷蹙自当引去，其利四也。臣等待罪本兵，防边之策、日夜图惟、冀求试效，所举筑墩一事，与民不费而为益甚大。委为可行。

关于此次边墙墩台修建，光绪朝《肃州新志》综合明代相关文献，在关隘条予以精练概括：

嘉靖十一年（应为十七年），尚书翟銮巡边，言嘉峪关最临边境，为河西第一隘口，墙壕淤损，宜加修葺，仍于壕内凑立边墙，每五里设墩台一座，以为保障。使兵备李涵筑，起于卯来泉之东南，讫于野麻湾之东北，高三丈五尺，板筑甚坚，锄耰不能入。[3]

光绪朝《肃州新志》中边墙条如下：

嘉峪关，所管边墙二截，南截自讨赖河以东起，至关至，长三十五里；北截自关起，迤北越石关儿，又东至野麻湾界止，长三十五里，即西长城。古迹倾圮，经大学士翟銮、兵备李涵修筑。[4]

台北"故宫博物院"藏《甘肃镇战守图略》描绘了此次嘉峪关修墙建墩后的防御体系。

根据上述文献中"墙壕淤损，宜加修葺，仍于壕内凑立边墙"，以及"古迹倾圮，经大学士翟銮、兵备李涵修筑"的描述，均说明嘉靖十七年之前已有边墙，此次工程重点一是加固维修边墙，二是新建墩台。

---

① 《明实录·世宗实录》卷之二百六十，文渊阁本《四库全书》内联网版。

② 《明史列传》卷一百二十，文渊阁本《四库全书》内联网版。

③ 吴生贵，王世雄，校注.肃州新志校注.北京：中华书局，2006：210.

④ 吴生贵，王世雄，校注.肃州新志校注.北京：中华书局，2006：209.

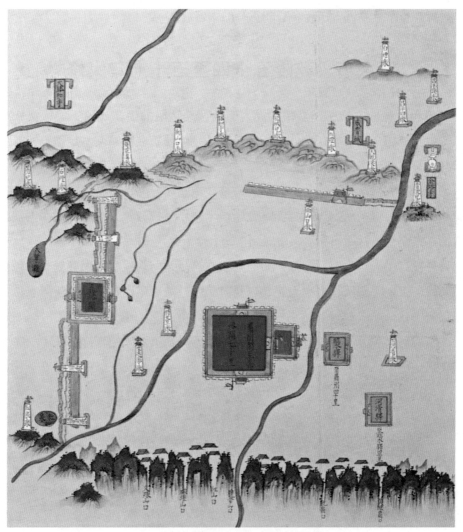

嘉靖朝嘉峪关边墙、墩、壕沟关系示意图
（台北故宫博物院藏《甘肃镇战守图略》）

从翟銮受封的时间来看，此次工程应在嘉靖二十年（1541年）初就已完工。

综合上述各时段工程记载，外城墙修建时间尚不清晰。结合外城墙与边墙、墩的交接关系来看，嘉峪关的外城墙最有可能是在嘉庆十八年添修边墙、墩台时所建，同时沿墙修建南闸门、东闸门。

明嘉靖二十三年（1544年）由肃州兵备道副使张愚创稿，万历四十四年（1616年）肃州兵备道副使李应魁续写的《肃镇华夷志》载"嘉峪关，设在临边极冲中地，土城周围二百二十丈"，结合正德二年（1507年）碑文来看，直至万历四十四年嘉峪关城墙依然是土城，未见包砖的相关记载。综合考虑万历之后明朝国力衰微，土城应一直延续直至乾隆五十四年（1789年）的大修。

第六节　乾隆五十四至五十七年大修

弘治朝吐蕃侵占哈密，嘉峪关成为明代西北边防前沿，边墙、城、楼、墩台经弘治、正德、嘉靖三朝（1488—1566年）的持续修筑完善，基本定型。万历十年（1582年）又有地方官员拓修武安王庙（关帝庙）。随着明朝国力衰微，虽因防务需求，边墙屡有修缮，但城、楼已日趋破败。清初，嘉峪关一带又成为清廷与准噶尔交战的前线，这种状态一直延续至乾隆二十二年（1757年）七月，清军击溃阿睦尔撒纳，收复新疆。期间顺治、康熙朝，均有修葺。①

自乾隆二十二年收复新疆后，嘉峪关虽不再是边防前线，但因其处于西域进入中原要道之上，设置巡检，关城也得以及时整修，清咸丰四年（1854年）《重修嘉峪关记》中载：

> 其关创修于前明洪武五年，其间重修不一而足。我朝乾隆三十一年（1766年），四十年又复重修。②

嘉庆重修《大清一统志》，其中卷二百七十八中关隘条：

> 嘉峪关……明初置，乾隆四十年（1775年）设巡检，旧设土城周二百二十丈。乾隆五十七年修。③

查阅相关史料未见乾隆三十一年、四十年的两次重修工程的记载，幸运的是笔者在台北故宫博物院、中国第一历史档案馆发现了三件在以往研究中尚未利用的嘉峪关关城修缮的原始档案，完整地再现了乾隆五十七年重修工程的始末。

1. 皇帝委派工部侍郎会同陕甘总督进行实地勘察

乾隆末年，由于年久失修，加之风沙侵袭，嘉峪关又出现了边墙坍塌、壕沟壅沙、关楼破败的情况。乾隆五十四年（1789年），乾隆皇帝委派工部侍郎德成赴肃州会同陕甘总督勒保对嘉峪关城楼、边墙进行勘察。二人于润五月十八日抵达嘉峪关，首先对边墙、碱壕、山壕进行了详细勘察。

> 查得关之正墙一道，南至讨赖河尽边墩止，高一丈五尺，长二千七百二十丈；北至近山墩止，高一丈二尺，长二千五百五十四丈五

---

① 吴生贵，王世雄，校注.肃州新志校注.北京：中华书局，2006：131.

② 此碑实物已失，但碑文尚存.

③ 穆彰阿，潘锡恩，等，纂修.嘉庆重修一统志.上海：上海古籍出版社，2008.

尺……今东西边墙一道坍塌，仅存十分之一二，山醴两壕存有形迹者甚少，大半为积沙所雍，竟成平陆，行人车马在上可通。[①]

2. 综合现实与历史经验，放弃边墙壕沟的修缮

该处情形，一片浮沙，旧式墙垣概系取用客土筑成者，今坍废过多，若全行修补，即用此处沙土，每丈需银七两一钱七分二厘，共计银十五万九千七百八十余两……至于山醴两壕，紧接边墙，俱系一片戈壁，现已尽为浮沙填塞。使众一律挑挖，按例核算，每丈需银七两五钱，共计银二十二万八千九百九十余两……特恐旋挑旋雍，亦属徒劳无益。[②]

鉴于此时嘉峪关已非边境，防卫功能丧失，再修边墙、壕沟已属多余，又有乾隆二十九年（1764年）报修山海关长城，因其失去防卫功能而且所费过高被否决的先例[③]，勒保、德成二人不建议大规模修缮边墙壕沟。但考虑到嘉峪关乃西北门户，为外藩朝贺来往通衢，非规模宏整，不足以壮观瞻，进而将修缮重点转向了城关关楼及紧邻城关的关墙。

3. 根据勘察提出修缮原则与思路

根据现场勘察，二人指出关楼、关墙所存在的问题及修缮方案。

今查得原设关楼仅止一间，局面甚为狭小，且现在木植糟朽，城台券洞闪裂。今拟量为加高展宽，以资壮丽。

其关门正面墙垣，南北计凑长七十丈，若依旧筑土连排，垛高不过一丈三尺，未免不能相称。查关之南北转角处各有土墩一座，今拟将此正面墙垣并土墩一律包砖成砌，南北均以墩台为准。其墩台以后，南则自东转而迤南，北亦自东转而迤北，皆瞻视不及之所，其间坍塌段落，酌量补筑，亦称完善。

至关内城堡一座，旧有东西两门，西门楼座系重檐三间，东门楼座仅止一间，大小悬殊，未能齐整，今亦糟坏应修。拟将东面楼座即照西面一律兴修，以归画一。

---

① 乾隆五十四年六月十九日《奏为查勘嘉峪关边墙情形奏闻请旨事》，台北故宫博物院清代宫中档及军机处档折件资料库。
② 乾隆五十四年六月十九日《奏为查勘嘉峪关边墙情形奏闻请旨事》，台北故宫博物院清代宫中档及军机处档折件资料库。
③ 《清实录》卷七二二。

以上应修工程通共约需银五万数千余两。如此办理，不仅钱粮不致虚糜，于观瞻实有裨益。①

根据上述记录，可知二人的拟修计划主要包括三项内容：一是将原来仅有一间的嘉峪关关楼加高展宽；二是将嘉峪关东西两侧至土墩之间的土城墙包砖，墩台以外的土墙酌情修补；三是关内面阔一间的东门楼（光化楼）按西门楼（柔远楼）重檐三间的规制重修。

4. 向皇帝奏报勘察过程与修缮工作思路

二人拟定了嘉峪关关楼、城墙的修缮原则与思路，旋即附图将上述勘察过程及应对方案上奏皇帝。

臣等愚昧之见，是否有当，理合先行恭绘二图，详细贴说敬呈御览。如蒙命允，侯奉到谕旨之日，臣等谨遵训示，将丈尺做法钱粮细数，缮写清单，再行具奏。②

七月初二，乾隆皇帝批复："知道了！钦此！"原则上同意他们的修缮原则与思路，并发布上谕：

据德成等奏：查勘嘉峪关一带边墙情形，嘉峪关为外藩朝贺必经之地，旧有城楼规模狭小，年久未免糟朽闪裂，请另行修筑。估需工价，不过五万余两，为数无多，着即如所请办理。以昭整肃，而壮观瞻。将此谕令知之。③

5. 详细勘察现场，制定具体方案

在工作思路得到皇帝认可后，德成、勒保立即组织相关专业人员进行详细的现状勘察，于七月二十一日提出具体的修缮方案、工程做法、钱粮估算，一并上报乾隆皇帝。

嘉峪关并城堡东西二门一律改建，正楼三座，每座计三间，通面宽四丈五尺，进深三丈，通高五丈，周围廊三重檐庑座九檩歇山成造。

东西月城添建门楼二座，每座一间，面宽一丈三尺，进深一丈二尺，

---

① 乾隆五十四年六月十九日《奏为查勘嘉峪关边墙情形奏闻请旨事》，台北故宫博物院清代宫中档及军机处档折件资料库。

② 乾隆五十四年六月十九日《奏为查勘嘉峪关边墙情形奏闻请旨事》，台北故宫博物院清代宫中档及军机处档折件资料库。

③ 《清实录·高宗实录》卷一三〇八。

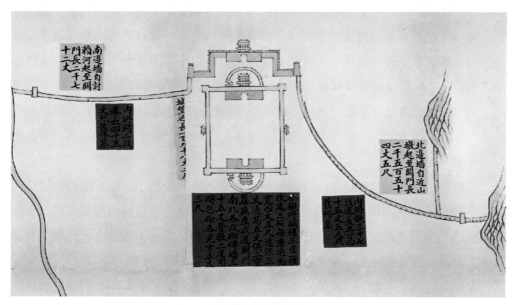

改建嘉峪关关门图

高一丈六尺，五檩挑山成造。

　　城顶南北二面旧有庙宇二座。观音殿一座，计三间，通面宽二丈一尺，进深二丈，高一丈四尺，七檩挑山成造；真武殿一座，计三间，通面宽一丈八尺五寸，进深一丈四尺，高一丈四尺，六檩挑山成造。俱年久未修，应行粘补油饰。

　　关门券基旧式矮小，另行改建。

　　城堡东西正门前面发券后面过木成造，其月城门二座系全用过木成造，不惟不适观瞻且难经久，亦应普律改发砖券，台身四面俱安埋头石一层、围屏石三层，上砌条砖均计八进。海墁铺砌条砖一层，背底条砖二层，苫掺灰泥背一层，灰土二步。排垛墙高五尺二寸，宇墙高二尺四寸，地脚刨槽筑打灰土五步，背后土牛筑打素土，台根筑打灰土散水三步。券洞内铺海墁石一层，两傍安埋头石一层、围屏石三层，上砌条砖，发五伏五券。

　　关门外拣墁石子甬路一道，长六丈，宽一丈三尺；马道三座，每座长八丈宽一丈，条砖成砌；并添安马道门楼三座，各面宽一丈，进深九尺。①

---

①　乾隆五十四年七月二十一日《奏为估修嘉峪关城台楼座工程银数事具奏》，台北故宫博物院清代宫中档及军机处档折件资料库。

　　从档案记录来看，此次修缮延续了嘉峪关总体布局，但对关楼、东西城楼及城台的形制都进行了较大的改变，并添修了东西月城门楼，应该是一次规模较大的修缮，奠定了延续至今的建筑样式。

　　八月初七乾隆皇帝朱批，"览，钦此"，原则同意德成上奏的方案。

6. 竣工造册

　　嘉峪关位于西北早寒地区，此时即将进入冬季，无法施工。地方政府则按清代建筑工程管理制度，有条不紊地组织工程招标以及主要修缮材料的采买工作。来年四月修缮工程正式开始，修缮过程中陕甘总督勒保时常督促工程进度，赴现场查验相关工程进展及实施情况，并上报乾隆皇帝。

　　根据乾隆五十六年（1791年）十一月十五日勒保查验嘉峪关工程情形：

　　　　城堡正门、西月城、马道、城顶海墁修补、砖包墙垣、粘补庙宇等工均已修理完竣，工料筑做俱属如式坚固，规模亦甚整齐阔厂，足壮观瞻。此外尚有应修之文昌阁东稍门楼，并东月城券台现未完工，因边地早寒难施工作，约俟来岁春融即可一律完竣。①

　　由此可知，此次嘉峪关修缮工程于乾隆五十七年告竣，造册销算。也正是因为这次修缮规模大，工程手续完备，在上谕及工部档案众均有记载，而在嘉庆重修《大清一统志·关隘》嘉峪关一节中留下了"乾隆五十七年修"的记载。

　　此次工程历时四年，花费五万余两白银，对嘉峪关做了如下六处重要改变。

　　①将原为一间的关楼、东门楼（光化楼），以及重檐三间的西门楼（柔远楼），统一改为面阔三间周围廊三重檐歇山顶的形制。

　　②增大关门券基。

　　③东西城门券的形式也由外圆内方，改为砖券，东西月城城门洞由过木改为砖券。

　　④城堡顶由灰土改为海墁。

　　⑤城关东西两侧土墙、墩台包砖。

　　⑥添安马道门楼三座。

---

① 乾隆五十六年十一月初二日《奏为查验嘉峪关工程情形据实奏》，中国第一历史档案馆。

第七节　清代乾隆朝之后对嘉峪关的修缮

对比现状格局，可知目前嘉峪关的主要建筑格局定型于乾隆五十四到五十七年（1789—1792年）的这次大规模整修。此后的修缮多为加固维修、原址复建等，根据相关文献、碑记，主要修缮如下。

1. 重修关帝庙

嘉庆四年（1799年），嘉峪关当地军民因"圣像旧系装画五彩，历年久远，未免暗淡无色。天棚、马殿、山门、旗台、两廊彩壁并满堂神像均已剥蚀，有心者不能不触目而心感矣"[①]，在嘉峪关游击将军熊敏谦的组织下，募集资金对关帝庙进行重新油饰。

2. 重建文昌阁

嘉峪关文昌阁二层脊檩枋下题字："大清道光二年（1822年）岁次壬午秋八月二十四日卯时署嘉峪关营游击金城张怀辅、分驻嘉峪关巡检西蜀郭利恒重建。"[②]

3. 重修嘉峪关

咸丰四年（1854年）的这次修缮是地方官员对肃州地区城垣、试院等建筑的一次系统维修，碑文记载比较简略，摘录如下。

> 其关创修于前明洪武五年，其间重修不一而足。我朝乾隆三十一年，四十年又复重修，迄今八十余载，堞雉大半颓废，鸡关亦废败，宵小者流，时或从旁隙窃越，致疏稽查。矧当逆氛未靖，又恐漏网之虞乎！余忝莅兹郡，弗敢坐视，因秉陈各大宪详表奏，奉旨并肃郡城垣试院一律兴修。

同治四年（1865年）南疆图谋分裂，进而引发回族叛乱，嘉峪关城池遭到破坏。左宗棠率湘军进陕甘平乱，收复新疆，在驻肃州期间，曾对嘉峪关有过维修整治。但随着国运衰落，嘉峪关的城池也日趋破败。清末美国著名旅行家William Edgar Geil（威廉·埃德加·盖里）、澳大利亚摄影记者George Ernest Morrison

---

① 郑亚军. 嘉峪关金石考释. 兰州: 甘肃文化出版社，2015: 97-98.
② 郑亚军. 嘉峪关金石考释. 兰州: 甘肃文化出版社，2015: 104.

（乔治·欧内斯特·莫里循）①于1910年前后，用相机记录当时日趋凋敝的嘉峪关城楼以及城内杂乱的民居。

第八节　民国至今的修缮②

民国时期破败的城楼

民国时期城内杂乱的民居

民国期间，嘉峪关城楼又遭到驻军的破坏，嘉峪关关楼被毁，关内居民日稀，城垣房舍均圮败不堪，凄凉触目③。至当地解放初期，光化、柔远二楼仅存框架，其他建筑亦多处破损④。1942年，蒋介石为解决新疆问题，到访嘉峪关，并题写"嘉峪关"石碑一通，在看到嘉峪关城墙夯土脱落、楼体散架后，指示陪同参观的玉门石油矿经理孙越崎负责修缮，后者以油矿事紧，建议地方政府负责，最终不了了之。但蒋介石的到访，促使了关城内居民的彻底搬迁，客观上促进了对嘉峪关关城的保护⑤。

新中国成立后，面对破败的墙垣，1950年由酒泉县人民政府拨款3万元对已成危楼的光化、柔远二楼进行了抢险维修。1958—1959年，国家和酒泉地区筹集资金22万，对光化、柔远二楼，城墙、垛墙、井亭、游击将军府、关帝庙、文昌阁进行维修，重绘楼阁彩画。1971年，嘉峪关市拨款6万元，局部维修关城城墙、垛墙、宇墙、游击将军府。1973—1975年，国家拨款13万元，对关城部分城墙进行了抢险

① 莫里循，图文，窦坤，海伦，编译.1910，莫里循中国西北行.福州：福建教育出版社，2018:95-101.
② 新中国成立后的维修记录主要来自丝路（长城）文化研究院提供的1985年和2012年修缮工程档案，以及《嘉峪关志》编委会编写的《嘉峪关志》，该书由甘肃人民出版社于2011年出版。
③ 林鹏侠，著，王福成，点校.西北行.兰州：甘肃人民出版社，2002:152.
④ 薛长年.嘉峪关史话.兰州：甘肃文化出版社，2007:42.
⑤ 俞春荣.蒋介石题写的"嘉峪关"碑刻.嘉峪关长城博物馆官网.http://www.jygccbwg.cn/articles/2017/08/01/article_63_76795_1.html，登录时间2020年3月10日。

加固维修，对部分城墙塌毁处进行了基础处理，墙面贴土坯、抹草泥以进行保护。1978年，维修光化、柔远、文昌阁及角楼等处门窗。1979年，维修戏楼，扶正东墙，整修匾额楹联等，同时由麦积山加固工程办公室对关城内城内侧东部部分墙体进行喷浆加固维修保护试验。1981—1983年，国家文物局先后拨款17万元进行城墙夯打试验和局部维修，这也为后续的大修积累了丰富的经验。

20世纪80年代修缮前的嘉峪关关楼城台垛子

1985年，嘉峪关迎来了新中国成立后规模最大的一次修缮，国家文物局、旅游局，甘肃省委、嘉峪关市委四方共同拨款1000万元，主要开展的项目如下。

（1）关城墙体加固维修

采用帮夯的方法，在土质、色调、夯层、高度、厚度、坡度等方面保持与原来的夯土墙一致，帮夯城墙总面积一万余平方米。维修了内城上的敌楼、角

20世纪80年代修缮前的嘉峪关关楼城台

楼、箭楼、敌台、马道；对堞墙、宇墙、甬道进行了加固。

（2）重建嘉峪关关楼

关楼20世纪30年代损毁于兵祸，1947—1949年彻底倒塌，仅存楼基和柱石。此次修缮参照光化楼重建，工程于1987年6月25日开工，1988年10月10日告竣。

（3）修补关城南北两翼长城

在旧有城墙的基础上，采取补筑和帮夯相结合的方法，保证土质、规模与原墙一致，重点修补了关城相连部分。工程于1988年5月15日开始，1989年秋竣工。

（4）修缮游击将军府

对原有建筑就地翻建，开间、柱高均保持不变。

（5）重修内城井亭

明代官井井亭在20世纪60年代被大风吹倒，此次按原有样式重修。

（6）关城楼阁油饰彩画

针对既有建筑彩绘脱落的问题，此次修缮采取旋子雅伍墨小点金的形式，对角楼、敌楼、箭楼、光化楼、柔远楼、马道门、文昌阁、戏楼以及重修的关楼、井亭、碑亭等十数座建筑进行油饰彩画。对比修缮前的旧照，此次修缮彩画的式样与修缮前略有差异。修缮前外檐为旋子，内檐为松木纹，题材包括藏传佛教纹样（即吉祥八宝、金翅鸟、梵语等），汉式吉祥纹样（即寿字、山水花鸟、折枝花卉），其他植物纹样及几何纹样；修缮后以旋子雅伍墨小点金为主。

（7）其他项目

维修万里长城第一墩，修建"天下雄关"碑亭，修建嘉峪关长城博物馆。

此次修缮有力地改善了嘉峪关城墙、城楼的保存状况，恢复了"雄关意向"。

二十余年后，嘉峪关的古建筑又出现了木构件开裂、油饰彩画起甲脱落等病害，黄土夯筑的城墙表面风化、片状剥落，墙基掏蚀凹进，基础酥碱、开裂、压剪裂隙、雨水冲蚀等病害和土体失稳与排水不畅、砖体渗水酥碱等问题。2011年，国家文物局将嘉峪关文化遗产保护工程列为"十二五"重大文物保护工程，并给予资金与技术支持，对嘉峪关进行全面保护维修。此次实施的保护项目主要如下。

（1）嘉峪关关城木结构建筑修缮工程

对关城光化楼、柔远楼、关楼、敌楼、文昌阁、戏台、箭楼、角楼、东闸门、关帝庙牌坊等木结构建

1985年修缮前的文昌阁彩画

1985年修缮后的文昌阁彩画

筑进行屋面整修、木结构维修加固、地面修理等。

（2）嘉峪关关城墙体保护及防渗排水系统工程

采取表层PS溶液喷涂加固、锚杆加固、改性泥浆嵌补、裂缝灌浆、帮夯补筑、补砌等工艺，有效地解决城墙结构性损伤、土体失稳与排水不畅、渗水等安全隐患，治理了城墙表面风化、片状剥落，墙基掏蚀凹进，基础酥碱、开裂、压剪裂隙、雨水冲蚀、生物虫害等病害。

（3）嘉峪关关城古建筑油饰彩画重绘工程

对关城光化楼、柔远楼、关楼、敌楼、文昌阁、戏台、箭楼、角楼、东闸门、关帝庙牌坊等古建筑进行油饰彩绘。

（4）安防、消防、防雷、防洪工程

此次保护项目是根据新时期文化遗产保护需求，对嘉峪关进行的最为全面的一次保护性修缮，更正了部分不当的加固措施，较好地延续了嘉峪关的历史风貌与遗产真实性。

第二章
关城建筑

　　嘉峪关建筑群由相叠套的罗城和内城组成，关城由西向东的轴线上依次坐落着关楼、柔远楼、光化楼三座三层楼阁式建筑，形成了规模宏大、雄伟壮观的建筑群形象。城内有游击将军府建筑群，城外有关帝庙、文昌阁、戏台等建筑群。这些城楼、府、庙、台构成了嘉峪关丰富多彩的空间层次。本章节将对上述建筑从平面形式、大木构架、墙体、屋面等方面展开详细介绍。

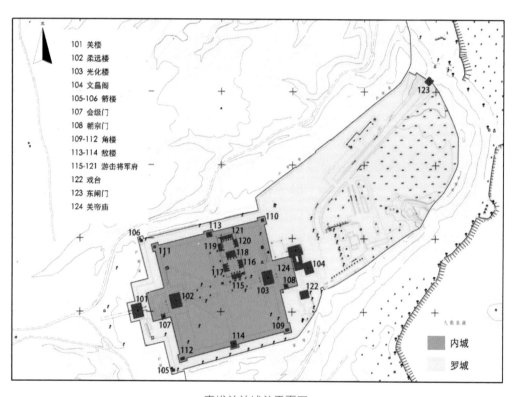

101 关楼
102 柔远楼
103 光化楼
104 文昌阁
105-106 箭楼
107 会级门
108 朝宗门
109-112 角楼
113-114 敌楼
115-121 游击将军府
122 戏台
123 东闸门
124 关帝庙

内城
罗城

嘉峪关关城总平面图

世界遗产明信片——嘉峪关2

第一节 关

一、关楼

关楼位于内城西侧的罗城城门之上，坐东朝西，为三层三滴水楼阁式建筑，形制与光化、柔远二楼相同。

1.城台

关楼城台平面为矩形，夯土砌筑，外包青砖，台面条砖十字缝铺墁，墙基和勒脚条石错缝砌筑，台高（地面至垛口）10.6米。城台正中开拱券式门洞，拱券为"五伏五券"双心券，券洞上部面西嵌有题写"嘉峪关"的石额，南北两侧与罗城城墙相接。南城墙内侧建有登城马道，宽约2.8米，为青砖礓礤坡道，马道起点设二柱牌楼门，外侧设护道墙。

2.台基

嘉峪关关楼台基面阔17.14米，进深12.27米，总面积为209.32平方米，台帮略有收分，青砖两顺一丁淌白砌筑，无角柱石，上覆一圈阶条石，地面青砖十字缝铺墁，四角席纹铺设。东西两面出垂带踏跺，两级台阶，砖砌象眼，阶条石及垂带石用剁斧做法防滑。

3.平面

一层面阔三间，进深两间，四周围廊，通面阔14.87米，通进深9.99米，廊深1.8米。二层平面格局与一层相似，通面阔13.64米，通进深8.78米，廊深1.15米。三层平面无外廊，通面阔11.27米，通进深6.54米。

4.大木

一层柱内外两周，外圈檐柱十八根，高3.66米，直径0.35米；内圈老檐柱十根，贯穿三层，高11.74米，直径0.44米。檐柱间通过额枋拉结，其上置平板枋，下施雀替平板枋上摆安一斗二升交麻叶斗栱，其上置替木、承檐檩。檐柱通过穿插枋（河西称"柱牵子"）与老檐柱相连。穿插枋断面为矩形抹角，出头为鸽子头，其上皮与平板枋上皮齐平，下部穿过柱头。穿插枋以上为挑尖梁，前端安于柱头科内，后尾做榫与老檐柱相连，挑尖梁断面为矩形并有抹角，出头为鸽子头，上承二层童柱。廊步挑尖梁和穿插枋之间架抹角梁，断面为鼓弧形，出头与斗栱相交，出头为坐斗形状，代替次间柱头科坐斗，其上依次承瓜柱与握角梁（老角梁），握角梁后尾水平插入金柱。檩上铺设圆椽方飞。檐椽后尾连接老檐柱的承椽枋，承椽枋和童柱之间通过童柱枋连接。室内进深方向老檐柱通过承重梁连接，其上承十字交接的楞木及二层楼板。

二层柱亦分内外两周，童柱十八根，高3.44米，直径0.29米，老檐柱十根，外围童柱间通过额枋拉结，上置平板枋，下施雀替。平板枋上摆安一斗二升交麻叶斗栱，其上承替木和檐檩。童柱通过穿插枋与老檐柱相连，穿插枋、挑尖梁形制与一层相同，梢间握角梁下无抹角梁，后尾斜上插入老檐柱。山面梁架与正身梁架相同。檩上铺设圆椽方飞。内圈老檐柱间通过老檐枋拉结，其间安装槛框，其上为承椽枋，檐椽后尾插入其中，承椽枋上置围脊枋、间枋。室内进深方向老檐柱通过大梁连接，上承十字相交的楞木及三层楼板。

三层楼板及楼板下大梁

三层无外廊，仅设檐柱十根。檐柱间通过额枋拉结，上置平板枋、檐檩垫板、檐檩。明间七架梁的梁头插入檐檩垫板，以承檐檩和矩形柁墩，其上承随梁枋、五架梁，五架梁梁头插入下金檩垫板，以承下金檩，其上承矩形柁墩，再上承三架梁随梁枋、三架梁，三架梁梁头插入上金檩垫板，以承上金檩，梁上瓜柱、角背、云头，承脊檩；除檐檩外，下金檩、上金檩、脊檩上均搁置椽花，以承檐椽后尾。三架梁、五架梁、七架梁下均用随梁枋，三架梁随梁枋断面为鼓弧形，五架梁随梁枋和七架梁随梁枋断面为矩形并有抹角；三架梁、五架梁、七架梁为鼓弧形断面；抹角梁断面为鼓弧形，两端搭在平板枋上，出头抹斜与屋面平行，断面为矩形，其上承矩形柁墩。抹角梁上的角梁后尾与下金枋和下金垫板相交，角梁上承五架梁，五架梁上架承椽枋（踩步金）插入山面檐椽，其上为三架梁，瓜柱、角背、云头承脊檩。檩上采用圆椽方飞。

三层屋顶梁架形式

5.斗栱

斗栱为一斗二升交麻叶，其上置替木承檐檩，一层明间设平身科四攒、次间三攒、梢间一攒，山面明间三攒、次间一攒；二层明间设平身科三攒、次间两攒、廊步不用，山面明间两攒，次间不用；三层未设斗栱。一、二层斗栱样式一致，角科与柱头科的麻叶比平身科略厚，麻叶头里出为鸽子头，一层次间柱头科斗栱的坐斗为抹角梁头。斗栱各构件尺寸比例与清代官式做法有较大差异：坐斗斗欹为内凹式曲线，斗耳开口较浅；正心瓜栱足材与单材比例与清官式做法明显不同，足材与单材之比接近2:1，且没有栱眼；三才升做法与坐斗类似，斗欹为内凹式，上部开口较浅。

6.墙体

嘉峪关关楼仅一层使用砖墙，二、三层均用槅扇、槛窗及木槛墙，一层山墙和檐墙采用条砖一顺一丁淌白丝缝砌法，墙厚1米，外侧上下有收分，上端出鸡嗉檐，里外包金。

7.木装修

一层外檐明间东西两侧辟门，随墙门形式，上设木过梁，左右抱框，安四抹槅扇门。二层外檐明间各装六扇六抹槅扇门，槅心为如意灯笼锦，上有中槛、障日板与金枋相接；次间和山面每间开四扇推窗，上下为障日板和裙板。三层无门，四面开推窗，窗下为木质槛墙，槛墙分隔形式同窗扇。前后檐明间为四扇，次间及山面每间开三扇；檐面明间、山面每扇窗及东侧檐面南次间靠近明间的一扇宽度相同，为步步锦式配工字；檐面次间窗为井子玻璃屉式配工字。二层外廊童柱间装木质花栏杆，长随间广，满布纹样。二、三层地面为木质楼板，二层内部楼板随进深沿面阔方向排布；廊子楼板沿前后檐面阔及山面进深排布，转角延续前后檐排布；三层楼板沿面阔方向排布。全楼共有两部楼梯，一层设一部90度双跑、二层设一部单跑楼梯，楼梯背部有铜钱状通风口。在一层檐柱、二层童柱与额枋的交接处装牙子（雀替），外侧剔地彩绘，内侧平板彩绘，二层梢间由于面阔较窄，雀替适当收短。

8.屋面

三层屋顶为单檐歇山顶，筒瓦屋面。正脊两端装正吻，且略有升起，中间安脊刹，两侧各有四跑走兽。吻兽形制与清官式不同，整体为吻兽形象，上部为蛇形头饰，下部为张嘴龙头形象。脊刹由三层宝珠相叠成塔状，塔顶为兵器戟形象。垂兽也是张嘴龙头形象，其后垂脊上均匀分布六跑走兽，头部朝向垂兽。较为特殊的是山面也有垂脊，长同正面垂脊出戗脊部分，端头仍为张嘴龙头，后无走兽。戗脊兽前套兽及起翘为扬起形式，套兽两侧有团花和艾叶纹饰，与清官式螭首形套兽相异。戗脊兽前无走兽，后有一跑走兽。山面砖博缝中央有轱辘钱形通风口。一、二层屋顶除用戗脊、围脊外，四面屋顶各出垂脊两条，垂脊、戗脊做法与三层同，但无走兽；一、二层屋顶围脊两端略有升起。

9.彩画

关楼遍施旋子彩画，烟琢墨小点金，枋心为夔龙或西番莲形象。枋心与盒子的布置与柔远楼大体一致，呈现上下相同、左右不同的特点，即上下两层同一位置的额枋枋心相同、檐檩枋心相同；同一层同一位置的额枋、檐檩枋心不同；同一层相邻两间的额枋枋心不同、檐檩枋心不同。此外，同一位置的檐檩彩画，除枋心、盒子外与额枋彩画做法相同。

一层前后檐明间额枋彩画为夔龙枋心烟琢墨小点金，找头为一整两破加双路如意，盒子为西番莲；一层前后檐次间额枋彩画为西番莲枋心烟琢墨小点金，找头为一整两破，盒子为夔龙；一层山面明间额枋彩画为夔龙枋心烟琢墨小点金，找头为勾丝咬，盒子为西番莲；一层前后檐梢间及山面次间额枋彩画为夔龙枋心烟琢墨小点金，找头为双路如意，无盒子。

二层前后檐明间额枋彩画为夔龙枋心烟琢墨小点金，找头为一整两破加单路勾丝咬，盒子为西番莲；二层前后檐次间额枋彩画为西番莲枋心烟琢墨小点金，找头为一整两破加单路如意，盒子为夔龙；二层山面明间额枋彩画为夔龙枋心烟琢墨小点金，找头为勾丝咬，盒子为西番莲；二层前后檐梢间及山面次间额枋彩画为夔龙枋心烟琢墨小点金，找头为四分之一旋花，无盒子。

三层前后檐明间额枋彩画为夔龙枋心烟琢墨小点金，找头为一整两破，盒子为西番莲；三层前后檐次间额枋彩画为西番莲枋心烟琢墨小点金，找头为勾丝咬，盒子为夔龙；三层山面明间额枋彩画为夔龙枋心烟琢墨小点金，找头为勾丝咬，盒子为西番莲。

各层平板枋彩画均为降幕云小点金，雀替画五色草。

各层穿插枋与挑尖梁的枋心上下不同，相邻挑尖梁枋心不同。一、二层的挑尖梁、穿插枋彩画为西番莲（或夔龙）枋心，找头为四分之一旋花。

一层室内承重梁彩画为夔龙枋心烟琢墨小点金，找头为一整两破，盒子为西番莲。二层室内承重梁彩画为夔龙枋心烟琢墨小点金，找头为一整两破加单路勾丝咬，盒子为西番莲。三层七架梁彩画为夔龙枋心烟琢墨小点金，找头为双一整两破，盒子为西番莲；五架梁彩画为西番莲枋心烟琢墨小点金，找头为勾丝咬，盒子为夔龙；三架梁彩画为夔龙枋心烟琢墨小点金，找头为双路旋瓣，无盒子。七架梁、五架梁、三架梁下的随梁枋彩画为"半拉瓢卡池子"，七梁架随梁枋用三池子，五架梁随梁枋用二池子，三架梁随梁枋用单池子。各檩及其下的枋上下枋心、找头为夔龙、西番莲交替，垫板彩画为"半拉瓢卡池子"。

飞头彩画为片金万字纹；檐椽头彩画为龙眼宝珠纹；斗栱、握角梁、结刻彩画为烟琢墨、压黑老；假飞头彩画为肚弦。

10. 匾额

关楼现有匾额两块。城台西侧门洞上方的墙体上，镶嵌有石质门额一块，质地为砂质岩，矩形，高0.9米，宽1.5米。正中右起横书"嘉峪关"三字，行书，无款。门额四周环绕线刻纹饰，上下为卷草纹，左右为锦纹。

第二块位于关楼西侧三层檐下，为木质横匾，黑底金字，矩形，正中右起横书"嘉峪关"三字，行书，无款。

二、柔远楼

柔远门和柔远楼是嘉峪关关城内城的西城门和城楼，外设瓮城，登城马道位于城台北侧。城台门洞西侧上方镶嵌有石质门额一块，质地为砂质岩，矩形，高 0.9米，宽1.5米，正中右起横书"柔远门"三字，行书，每字约45厘米见方，左右两侧各有一行竖排小字题款，右为"乾隆五十六年季夏"，左为"直隶肃州高台县知系和龄承修"，楷书，每字均为5厘米见方。门额四周环绕线刻翻卷祥云纹饰。城台及城楼结构、形制与嘉峪关楼相似，相关描述参见关楼部分及第五章相关测绘图纸。

柔远楼

三、光化楼

光化门和光化楼是嘉峪关关城内城墙的东城门和城楼，外设瓮城，登城马道位于城台北侧。城台东侧门洞上方的墙体上镶嵌有石质门额一块，质地为砂质岩，矩形，高0.9米，宽1.5米。正中右起横书"光化门"三字，行书，左右两侧各有一行竖排小字题款，右为"乾隆岁次辛亥孟夏月吉旦"，左为"知直隶肃州涂躍龙立"，楷书，门额四周环绕线刻翻卷祥云纹饰。

光化楼一层室内东侧板门过梁上方悬有木质横匾一块，矩形，高0.95米，宽1.95米。正中右起横书"气壮山河"四字，行书，左右两侧各有一行竖排小字题款，右为"大清光绪辛巳年季秋月吉日　敬立"，左为"二品顶戴甘肃遇铁尽先题奏道雷声远　并书"，楷书。匾为黑底金字（"大清""雷声远"为红色）。三层东侧檐下悬有木质横匾一块，红底金字，矩形，高1.25米，宽2.55米，正中右起横书"天下第一雄关"六字，行书，左侧有竖排题款"赵朴初书"，行书，下钤一枚朱文方印，印文为篆文"赵朴初"。匾上文字为赵朴初先生于1992年9月15日游览嘉峪关时所题。

光化楼城台及城楼结构、形制与嘉峪关楼相似，相关描述参见关楼部分及第五章相关测绘图纸。

第二节　城

一、箭楼

在关楼南北两侧，罗城的尽头各有一座箭楼，即南箭楼与北箭楼，箭楼下设墩台。二者形制基本相同，仅在尺寸上略有差异（详见第五章相关测绘图纸）。

1.平面
平面接近方形，面阔进深各一间，室内地面采用条砖十字缝青砖铺地。

2.大木
箭楼为单层单檐悬山顶，沿进深方向于两山柱之上置三架梁，下有随梁枋，

三架梁上安脊瓜柱，断面方形，脊瓜柱左右设方形角背，上承脊檩。前后檐檩处用"檩三件"，脊檩下无垫板。檩上铺钉圆椽方飞，上铺垫板。

3. 墙体

两山及后檐砌实墙，墙体无收分，全顺淌白丝缝砌筑。前檐开敞，无门窗。箭楼三面建有城垛，朝关楼方向开敞，设木栅门，门外台阶五级，连接罗城城墙。箭

关城箭楼2

楼下为砖砌墩台，外侧有收分，城垛与墩台连接处的外侧有三层砖砌菱角檐。

4. 屋面

单檐悬山筒瓦屋面，屋面坡度平缓。正脊与垂脊两侧均有花砖。正吻为张嘴龙形象。垂脊端部设垂兽。山面博缝板上无梅花钉。

5. 彩画

雅伍墨旋子彩画，前檐檩及三架梁采用一字枋心，其他为素面枋心。

二、东闸门

东闸门位于嘉峪关罗城东北部，坐西朝东，是进出关城的主要通道，南北两侧与罗城城墙相接。东闸门由墩台和门楼两部分组成。

东闸门及烽火台

东闸门

1. 墩台

墩台长11.8米，宽10.33米。东侧高4.43米，西侧高3.88米。门洞呈方形，宽3.8米，深10.2米，采用大石条和砖垒砌而成，门洞墙壁上嵌有36根排叉柱，延续唐宋过梁式城门做法。

2. 门楼平面

面阔三间，进深两间，后出廊。通面阔10.46米，通进深7.11米。

3. 门楼大木

门楼檐柱八根，高3.03米，直径0.26米；金柱四根，高3.28米，直径0.25米，后墙中或有金柱四根。檐柱间置额枋及随额枋，下施雀替。檐柱通过穿插枋与金柱相连。檐下无斗栱与门窗。

4. 门楼墙体

两山及后金墙为土墙，内檐白灰抹面，正立面砌高0.44米女墙。

5. 门楼木装修

南面山墙上装有一扇木槅扇门。

6. 门楼屋面

一殿一卷勾连搭屋面，中有天沟，上覆筒瓦。正脊两端有龙形望兽一对，脊中央设宝珠，左右等间距对称置小兽三对，垂脊端部设垂兽一座。勾头上雕刻龙纹，滴水上雕刻植物花纹。明间勾头坐中。

7. 匾额

东闸门现有木质横匾一块，悬于东侧明间檐下，高0.95米，宽1.95米，黑底金字，正中右起横书"天下雄关"四字，行书。左右两侧各有竖排小字题款，右为"嘉庆十四年孟春肃州镇　总兵官李廷臣书"，左为"嘉峪关　巡检管绍裘　游击熊敏谦　千总　柯芳　马兴信　刊立"，每字4~7厘米见方不等，阳刻，行书。

三、朝宗门

朝宗门是嘉峪关内城光化门瓮城的城门，坐北朝南，意为"面朝宗祖，朝见帝王"，城台上设单层门楼。

1. 门洞

朝宗门门洞为五伏五券错层拱券式结构，拱券为双心圆，门道长6.49米，宽3.8米，前后两道券分别高3.72米和5.76米。基础及地面为大小不一的条石铺设，墙体四面均有收分，门采用木质外包铁皮铁钉双扇门。门洞南侧上方嵌石质门额一块，无繁复花饰，刻"朝宗"二字。

2. 门楼平面

面阔一间，进深两间，廊柱为金柱，形成前廊。面阔4.39米，廊深1.17米，室内进深2.56米，通进深4.16米。室内地面铺墁条砖。前檐中间开门，两山辟门与城墙相通。

3. 门楼大木

门楼檐柱两根，高3.24米，直径0.24米；金柱两根，高3.66米，直径0.25米。正身檐柱上置梁及檩，额枋架于柱间，无雀替。额枋上安垫板、檐檩，交接随梁、五架梁。金柱上置三架梁，梁端交接垫板、金檩，梁上安脊瓜柱，承安脊枋、垫板、脊檩，两侧施角背。檐椽圆形，飞椽方形，檩与椽交接处安椽花。

关城朝宗门

4.门楼墙体

山墙及后檐有收分，采用一顺一丁砌法，签尖下皮距地面3.18米。

5.木装修

建筑东、西、南三面开门，无窗。南侧五抹对开槅扇门，东西门洞安装栅栏门。

6.屋面

单檐悬山顶，正脊两端安龙形正吻，垂脊端部设龙形吻兽两对，正、垂脊上均雕刻立体感极强的花纹。

四、会极门

会极门是嘉峪关内城柔远门瓮城的城门，坐北朝南，其名取自韩非子"其智深则其会远，其会远众人莫能见其所极"，城台上设单层门楼。南侧门洞上置匾，由外至内为花瓣、回形纹、花草雕刻，最内刻"会极"二字。城台与城楼结构相似，具体参见会极门文字描述及第五章相关测绘图纸。

会极门1

会极门2

五、南敌楼、北敌楼

（一）南敌楼

南敌楼位于内城南城墙中段墩台之上，坐南朝北。东西两侧山墙有门洞与城墙相通。南敌楼原为"观音庙"，供奉观世音菩萨，现被误传为供士兵休息的"敌楼"。南敌楼的城台较城墙向南突出，敌楼后檐墙和东西山墙与城台融为一体。

1. 平面

面阔三间，进深三间，前出廊。通面阔8.23米，廊深2.2米，廊柱跨过南城墙，立于女墙之外出挑的地栿之上。墙体内各边非正交，柱网错位明显，平面格局不严整。

2. 大木橼望

主体结构一殿一卷出前廊。后殿五架梁上都以柁峰、替木承托三架梁；三架梁以上两山与明间略有不同，两山的三架梁上以柁峰、替木承托脊檩，明间三架梁上以瓜柱、替木承托脊檩，瓜柱两侧安角背，上安抱梁云。前卷四架梁梁头位于后殿

南敌楼

五架梁梁头下方，其下为金柱。四架梁上置异形柁墩与替木承平梁，各脊檩及外廊檐檩下仅有一道随枋，前檐老檐檩处用"檩三件"。廊步出抱头梁和穿插枋。南敌楼梁身隐刻月梁，取材略有弯曲且粗犷；柁峰、柁墩及替木的样式与尺寸有微差。檩上铺设圆椽方飞，上铺望板。

3. 墙体

南敌楼前檐为糙砌砖墙，东西山墙下碱为草泥外罩黄泥，上身外抹白灰，内里砖砌。

4. 装修

南敌楼前檐明间开四扇六抹木槅扇门，格心为套方与步步锦混合的衍生样式。前檐两次间、两山及后檐均无门窗。外廊檐柱间装木栏杆，上施雀替。

5. 屋面

南敌楼为一殿一卷单檐悬山顶，筒瓦屋面。正脊与垂脊两侧均有花砖。后殿正脊两端安龙形正吻。前后檐垂脊端部安垂兽。后殿与前卷衔接处留天沟，天沟两端安大滴水与落水管相对。山面博缝板无梅花钉。

6.彩画

南敌楼现存彩画为雅伍墨旋子，素面枋心形式。

（二）北敌楼

北敌楼位于内城北城墙中段墩台之上，坐北朝南。东西两侧山墙有门洞与城墙相通。北敌楼原为"真武庙"，供奉真武大帝，现被误传为供士兵休息的"敌楼"。

北敌楼

北敌楼的城台较城墙向北突出，敌楼后檐墙和东西山墙与城台融为一体。北敌楼为六檩单檐悬山顶，出前廊，除屋顶形式与南敌楼不同外，其余部分做法相似。

第三节　庙

关帝庙建筑群位于光化门瓮城与文昌阁之间偏北侧，自南向北依次是牌楼、山门、东西配殿和正殿。其中牌楼相对独立，山门、配殿与正殿相互连接形成一个整体。

1.台基

关帝庙台基可分为两部分，南侧的牌楼台基和北侧山门、正殿台基。牌楼台基面阔10.6米，进深3.9米，上覆一圈阶条石，台面方砖十字缝糙墁，南侧出垂带踏跺五级，北侧与山门正殿台基相连。山门正殿台基整体呈不规则的"凸"字形，南侧面阔21.5米，通进深29.8米，外侧未覆阶条石，砖砌台帮，台面方砖十字缝粗墁。院落内侧覆一圈阶条石。西配殿外侧台明被土淹没。两处台基相接处向东出四级踏跺。

关帝庙

关帝庙前牌楼

2.平面

牌楼面阔三间，通面阔9.55米，两次间呈三角形格局，两端为实墙。山门面阔五间，进深二间，通面阔11.7米，通进深4.6米。室内地面方砖十字缝粗墁。东西配殿面阔三间，进深一间，通面阔9.7米,进深3.1米,室内地面方砖十字缝粗墁。正殿面阔五间，进深四间，通面阔17.5米，通进深11.9米。

3.大木

牌楼明间柱下设夹杆石，次间端部柱子各两根，与山墙融为一体。柱上设大小额枋，挂落沿柱与额枋而设。额枋上未设斗栱，倒盏式肋板结构支撑屋面，角梁为三件长曲腹型，梁首雕龙头，下施垂柱。檐椽圆形，飞椽楔形。山门可探明柱子共八根，檐柱六根，两根与配殿共用，高2.95米，直径0.19米，金柱两根，高3.28米，直径0.19米。山门南侧檐柱上置平板枋，平板枋上安一斗三升十字形斗栱，檐柱通过四架梁与金柱相连，檐柱方向上出麻叶头与斗栱相接，后尾做榫插于金柱。梁上设脊瓜柱，南侧金檩下设方形角背承托梁与脊瓜柱相连。北侧檐椽圆形，飞椽

· 50 ·

方形，南侧无飞椽，檐椽圆形。配殿可探明柱子共八根，均为檐柱，高3.04米，径0.22米，与山门共用两根，与正殿共用两根。檐柱上设平板枋，上安一斗三升斗栱，檐柱间通过三架梁相连接，上设角背承托金檩，三架梁下设随梁。院落内侧圆形檐椽，方形飞椽，外侧圆形檐椽，无飞椽。正殿可探明柱子共十二根，与配殿共用檐柱二根，金柱三排，共十根，高5.6米，直径0.33米。金柱之间均有枋连接，次间梁上设三根顺梁，南北顺梁并未交于金柱，上置垫木承托角梁。正殿南侧檐柱上设平板枋，再上安五踩品字斗栱，明间斗栱通过挑尖梁与金瓜柱相连，次间斗栱通过挑尖梁与金柱相连。北侧檐柱上无斗栱，通过抱头梁与金柱相连。五架梁上设方形角背承托上金檩，三架梁上设莲座纹样角背承托脊檩。南侧内檐为圆形檐椽，方形飞椽，东侧、西侧、北侧外檐无飞椽。

4. 斗栱

牌楼明楼与边楼檐下均未设斗栱，采用挑梁代替斗栱，施以"S"形木条的围护结构。山门安一斗三升十字形斗栱。配殿明间、次间施一斗三升斗栱。正殿明间、次间、梢间施以五踩品字斗栱。山门平身科：坐斗置于平板枋上，为斗栱第一层构件；第二层置正心瓜栱，两端置三才升，内外跳翘，翘头置十八斗；第三层为撑头木，垂直方向出云头，并与挑檐枋和正心枋相交。山门柱头科：斗栱的前两层构造与平身科类似，第三层垂直方向上与四架梁相接，出麻叶头，并与挑檐枋和正心枋相交，承托挑檐檩和正心檩。配殿平身科：坐斗置于平板枋上，为斗栱第一层构件；第二层置正心瓜栱，两端置三才升；第三层垂直方向置撑头木出麻叶头。

配殿柱头科：斗栱的前两层构造与平身科类似，第三层垂直方向上与三架梁相

关帝庙正殿明间斗栱

接，出麻叶头。正殿平身科：坐斗置于平板枋上，为斗栱第一层构件；第二层置正心瓜栱，平行方向两端置三才升，内外跳翘，内外翘头置十八斗；第三层承正心枋，置正心万栱，两端置槽升子，内外跳翘，外翘头置单才瓜栱，两端置三才升，内翘头置交麻叶板；第四层迭置正心枋，内外垂直方向扣麻叶头，内侧续迭置正心檩下皮，外侧续迭置挑檐檩下皮，第一跳外拽单才瓜栱上迭置单才万栱，第二跳外拽翘头置厢栱，栱两端置三才升，第二跳内置交麻叶板，上承内拽枋；第五层上迭置正心枋，第一跳外拽单才万栱上置外拽枋，第二跳外拽厢栱上承挑檐枋。正殿柱头科：斗栱前二层构造与平身科相同；第三层外跳翘，外翘头置单才瓜栱，两端置三才升，内连挑尖随梁；第四层迭置正心枋，外侧垂直方向扣麻叶头，续迭置挑檐檩下皮，内连挑尖梁，挑尖梁上皮与正心檩下皮齐平，迭置内拽枋；外侧第一跳外拽单才瓜栱上迭置单才万栱，第二跳外拽翘头置厢栱，栱两端置三才升；第五层上迭置正心枋，第一跳外拽单才万栱上置外拽枋，第二跳外拽厢栱上承挑檐枋。

5. 墙体

牌楼东西两端于柱外沿南北方向砌墙，上施墙帽，鸡嗉檐，覆筒瓦，高3.07米。山门次间砌砖槛墙，高0.97米，东西配殿次间砌砖槛墙，高0.78米，上设木榻板。墙体下碱糙砌梅花丁式。山门与东西配殿相接，施以隔墙，高3.09米，顶部梁架露明。东西配殿与正殿相接，施以隔墙，高3.02米，顶部梁架露明。正殿明间两侧与东西配殿槛墙相交处砌"八"字砖墙。西梢间南侧墙体为避让城台抹45度角。

关帝庙正殿明间梁架

6. 木装修

山门南侧、西配殿东侧、东配殿西侧、正殿明间南侧辟门，山门南侧、西配殿东侧、东配殿西侧次间为窗，正殿未开窗。山门明间南侧设置板门，上安门环一对。山门次间南侧安一码三箭槅扇窗四扇。明间东西两面安木质栅栏，第二进栅栏呈"八"字形与配殿外墙相接。西配殿东侧、东配殿西侧明间设一码三箭槅扇门四扇，裙板上雕刻蝠桃纹样，次间设一码三箭槅扇窗四扇。正殿明间南侧设龟背锦槅扇门四扇。

7. 雕塑

山门西次间坐中摆放赤兔马像，东次间坐中摆放青龙偃月刀。正殿明间第三进北侧坐中朝南设关公像，左侧为捧印挎剑白脸青年将军关平像，右侧为黑脸护持青龙偃月刀虬髯将军周仓像。

8. 屋面

牌楼为三间六柱三楼形制，单檐庑殿顶，绿色琉璃瓦。明楼正脊两端为龙形正吻，戗脊中部设戗兽两对，兽前为龙形小兽。边楼正脊远离明楼一侧各安龙形正吻，戗脊中部安戗兽一只，兽前为龙形小兽。脊上饰有花砖。勾头、滴水上均雕刻龙纹。山门与配殿屋顶连为一体，呈"凹"字形，单檐，筒瓦，未设脊兽，脊上无装饰。正殿为单檐歇山筒瓦屋面，正脊两端安龙形正吻一对，脊中设脊刹，垂脊高同正脊，端部设垂兽。两山也安垂脊，长同正面垂脊出戗脊部分。上段较平缓，下段较陡峻。下段端部设垂兽，后无走兽。戗脊自山面垂脊转折处拔出，高同垂脊，端部设戗兽，后无走兽。所有脊两侧均饰以花砖。正殿、山门与配殿的勾头、滴水上均雕刻花草纹。山花处各有一个圆形寿字纹通风窗。

9. 彩画

牌楼明间大额枋南侧彩画无藻头、盒子，枋心红底绘金行龙、二龙戏珠样式，北侧枋心为红底绘蓝绿绶带。明间北侧花板绘五蝠献寿纹样。次间额垫板北侧绘凤凰纹样。山面博缝板上绘旋子彩画。山门与配殿内外檐、正殿内檐均绘墨线小点金旋子彩画，枋心交替绘红底夔龙、绿底西番莲，正殿无外檐彩画。正殿明间八字墙顶部设井字坐龙天花。

10.匾额楹联

关帝庙现有匾额三块，楹联一对。牌楼南面明间大额枋上方正中悬挂木质横匾一块，蓝底金字，书"关帝庙"三字，楷书，无款，周围有金色回纹边饰。山门明间门簪上方正中悬挂木质横匾一块，红底金字，正中右起横书"天地正气"四字，楷书，左右两侧各有一行竖排小字题款，右为"中华民国六年八月 谷穀旦"，左为"巡防 四营管带周炳南敬叩"。正殿门楣上方正中悬挂木质横匾一块，黑底金字，正中右起横书"文武圣神"四字，楷书，左右两侧各有竖排小字题款，右为"光绪二十八年五月吉日立"，左为"钦命头品顶戴总统伊犁等处地方将军哈丰阿巴图鲁马亮敬叩"。正殿内明间金柱悬挂木质楹联一对，红底金字，上联"时雨助王师直教万里昆仑争迎马迹"，下联"春风怀帝力且喜十年帷幄重抚刀环"，左右两侧各有竖排小字题款，右为"光绪十年仲冬"，左为"邵阳魏炳蔚敬献"。

第四节　府

游击将军府，又称游击衙门，位于嘉峪关内城北部，是明清两代镇守嘉峪关的游击将军处理军机政务的场所，为两院三厅四合院式，中轴线上从南至北依次是山门、议事厅、后堂，前院东配房为书堂，西配房为武堂，后院有东西二厢房，共七座建筑。

一、山门

1.台明

面阔12.8米，进深7.8米，上覆一圈阶条石，地面为条砖十字缝粗墁。南北两侧出两踩垂带踏跺，中柱大门两侧安一对抱鼓石，大鼓内雕花。

2.平面

面阔二间，进深内间，有后廊，通面阔11.4米，通进深6.4米，后廊深1.4米，室内地面为条砖十字缝粗墁。

3.大木

檐柱四根，高2.88米，直径0.25米，上置平板枋，下施雀替。檐柱通过穿插枋

游击将军府院落

游击将军府大门

与金柱相连，后尾做榫插于金柱之内。檐椽圆形，飞椽方形。

4. 墙体

次间及山面夯土墙砌筑，墙厚0.4米，下碱墙干摆十字缝砖砌筑，高0.5米。山墙东西两侧与书堂、武堂通过院落围墙相接。

5. 屋面

屋面为五檩中柱式悬山顶，正脊两端有龙形吻兽一对，垂脊端部安垂兽。勾头上雕刻龙纹，滴水上雕刻植物花纹。山面博缝板钉五组金色梅花钉，梅花钉与檩中心略有错位。

6. 匾额楹联

明间正中空档处悬挂斗匾，黑底金字，书"游击将军府"五字。东西两侧墙楹联黑漆底金字，题"百营杀气风云阵，九地藏机虎豹韬"。

二、议事厅

1. 台明

面阔14.1米，进深11米，高0.7米，上覆阶条石一圈，地面条砖十字缝粗墁。南侧出四踩垂带踏跺，北侧出两踩垂带踏跺，台明之上为鼓径式柱顶石。南北两侧中部有甬道，南与山门相接，北与后堂相接。

2. 平面

面阔三间，进深一间，前后廊，通面阔12.65米，通进深为9.76米，前后廊深1.6米。室内地面为条砖十字缝粗墁，明间中心处有一平台，长4.44米，宽2.17米，后设屏风。

3. 大木

前后檐柱各四，高2.95米，直径0.27米。正身檐柱上置平板枋，下施雀替。檐柱通过穿插枋与金柱相连，后尾做榫插于金柱之内。檐椽圆形，飞椽方形。

游击将军府议事厅

4. 墙体

次间及山面夯土墙砌筑，墙厚0.4米，下碱墙干摆十字缝砖砌筑，高0.5米。山墙东西两侧与书堂、武堂通过院落围墙相接。

5. 屋面

七檩中柱式悬山顶，正脊两端龙形吻兽一对，垂脊端部安垂兽，勾头上雕刻龙纹，滴水上雕刻植物花纹。山面博缝板上置七组金色梅花钉。

6. 匾额楹联

明间门额正中空档处悬挂斗匾，高1.17米，宽2.37米，黑底金字，自右向左横刻"神威永护"四字，两侧文字："道光十一年出关叩祷　帝君神前保佑生入玉门关敬献匾额　五载轮台兵民安静　实赖神庥　敢沥愚诚顿首敬献　长白双兴敬书"，均自上而下竖刻，均为楷书，阳刻。明间两侧檐柱上悬挂楹联，黑漆底金字，自上而下竖刻隶书："金鼓动地战旗猎猎映大漠，铁垒悬月轻骑得得出长城"。

三、后堂

1. 台明

面阔18.2米，进深10.1米，高0.76米，上覆阶条石一圈，地面条砖十字缝粗墁。南侧出五踩垂带踏跺，北侧台明与地面齐平，台明之上为鼓径式柱顶石。

2. 平面

平面呈"凸"字形，非轴线对称。面阔五间，进深一间，前出廊，后出抱厦，通面阔16.8米，通进深7.52米。室内地面为条砖十字缝粗墁。

3. 大木

檐柱高2.78米，直径0.27米，金柱高3.15米。正身檐柱上置平板枋，下施雀替。檐柱由穿插枋与金柱相连，后尾榫插于金柱之内。檐椽圆形，飞椽方形。

4. 墙体

山面及前后墙夯土墙，下碱干摆十字缝砖砌筑。

5. 屋面

卷棚悬山勾连搭，前卷前长后短，正脊两端有龙形吻兽一对，垂脊端部安垂兽。勾头雕刻龙纹，滴水雕刻植物花纹。山面博缝板上置七组金色梅花钉。

6. 匾额楹联

明间门额正中空档处悬挂斗匾，高0.95米，宽1.95米，黑底金字，自右向左横刻"定远扶日"四字，两侧文字"嘉庆五年七月谷旦 弟子松筠敬撰"均自上而下竖刻，阳文，楷书。东西两正中檐柱悬挂楹联，高2米，宽0.25米。黑漆底金字，自上而下竖刻，隶书，题"不悲镜里容颜瘦，且喜心头疆域宽"。

四、书堂，武堂，东厢房，西厢房

书堂、武堂、东厢房、西厢房均面阔三间，进深一间，卷棚悬山筒板瓦屋面。

游击将军府东厢房

山面及前后墙夯土墙,下碱墙干摆十字缝砖砌筑。其余做法与山门相似,不再赘述。

第五节 阁

文昌阁位于光化楼瓮城城外,坐西朝东,重檐歇山顶。

1. 台明

文昌阁台明面阔14.88米,进深10.97米,台帮青砖砌筑,无脚柱石,上边缘为花岗岩阶条石,阶条石以内青砖铺墁。

2. 平面

一层面阔三间,进深两间,周围廊,明间面阔3.87米,为过街门洞。次间面阔3米,廊深1.51米,室内外地面采用青砖十字缝铺墁,明间门洞面使用青砖柳叶缝立砌。二层回廊略向内收,廊深1.08米,地面用水泥预制方砖铺墁。

文昌阁1

3.大木

一层檐柱十八根，高3.38米，直径0.53米；金柱十二根，为通柱，高8.47米。二层檐柱立于一层挑尖梁上，共十八根，高3.17米。大木构架为重檐九檩，脊瓜柱下施雕花角背，三架梁和五架梁下施随梁枋，枋下置柁墩。一层四角施抹角梁，采用插金法，老角梁后尾直接插入金柱内，梁头搭在檐檩相交处，隐角梁置于老角梁之上，二者之间用柁墩承接，承托二层角柱。二层采用压金法，老角梁后尾压在金檩上，老角梁上安隐角梁，未使用抹角梁。

4.斗栱

文昌阁檐下施斗栱，一层檐下施一斗二升交麻叶斗栱。二层为花牵代栱，施河西特色三踩品字斗栱，翘、栱、斗、升均简化，大斗类中的坐斗已简化为十字形构件，翘已简化为曲线型轮廓的花板，十八斗已经省略，正心栱简化为素花板，厢栱简化为燕切子与素花板的组合形式，具有明显的河西建筑檐下特征，明间置平身科三个，次间两个，廊间无斗栱。

文昌阁2

5. 墙体

一层底部墙体厚0.59~0.77米，墙身用青砖十字缝顺砖淌白砌筑。外墙清水墙有收分，内墙白灰浆罩面无收分。

6. 木装修

一层在后檐两侧间开攒边门，前檐墙上距离地面1.05米处各开直径1.47米的圆形窗，窗棂呈"寿"字；二层门窗式样较为简洁，前后檐明间置六扇六抹槅扇窗，次间和山面都做木窗。建筑北廊置木梯登楼，二层安设"万字文"花栏杆。

7. 屋面

屋顶为单檐歇山顶，檐步铺望板，金步和脊步铺芦苇，再上铺麦秸泥，筒板瓦屋面。一二层屋顶四面都使用垂脊。屋面曲度变化比较平缓，未呈现出河西建筑

"檐如平川，脊如高山"的屋面特点，反而较接近北方官式屋面的举折特征。但由于翼角采用了二重曲腹子角梁，翼角翘冲明显，翼角部分坡度接近水平，看起来更为轻盈精巧。

文昌阁二层翼角

文昌阁屋面

8. 彩画

文昌阁彩画主要分布于一层和二层建筑梁枋斗栱间，采用墨线小点金旋子彩画，梁架施雅伍墨大点金旋子彩画。彩画图案主要为常见的花卉纹样，少量采用白描人物和花鸟图案。初步判断为后期按照官式彩绘图案重绘，失去了河西地区特色。

文昌阁梁枋间彩画

9. 匾额

文昌阁现存匾额两块。东侧二层明间檐下悬挂木质横匾一块。正中右起横书"威宣中外"四字，楷书，左右两侧各有竖排小字题款，右为"光绪四年孟冬穀旦立"，左为"钦赐花翎闽浙即补副将前团嘉峪关游击杨美胜"，下面钤印两方，上面一方为阴文，篆文，印文为"杨美胜印"；下面一方为阳文，篆文，印文为"雪邪"。此匾红底黑字，其中，"光绪""立"及左侧两方印为金色。南侧二层檐下正中悬挂木质横匾一块，黑底金字。正中右起横书"神威远播"四字，行书，左右两侧各有竖排小字题款，右为"南安信士弟子何凤鸣偕男鉴叩"，左为"嘉庆拾伍年岁次庚午夷则月谷旦立"，匾额上方正中又有一"献"字。

10. 题字

二层明间及两次间的脊枋下，留有三处题字。明间题为"大清道光贰年岁次壬午秋八月廿四日卯时　署嘉峪关营游击金城张怀辅　分驻嘉峪关巡检西蜀郭利恒　重建"，楷书，白底黑字；东次间题为"皇图巩固　嘉峪关营　左哨把总梁秉和　中军千总王万金　右哨把总朱登云　经制　王泰　贺文学　额外　杨浩　候得才　会首　刘贵　张亨　何呈瑞　蒲明　马俊　张祥　马贵　杨大会　宋平有　张

禄　燕祥"，楷书，白底黑字；西次间题为"西元一九八九年七月至十月由西安市长安县细柳建筑工程公司重画"，隶书，白底黑字。

第六节　戏台

戏台位于光化楼瓮城会极门外东南方向，与关帝庙相对，坐南向北，前后两卷，前为演戏空间，后为扮戏空间，是每逢关公诞辰或重要节日酬神娱人的场所。

1.台明

戏台台基整体呈"凸"字形，北面面阔10.5米，通进深9.8米，西侧高0.36米，东侧高0.39米，为花岗岩条石砌筑，东、西、南侧铺散水。

2.平面

戏台分为上下两层，底层以砖砌围护，高约2米，内部结构不详；二层为台，九檩无廊勾连搭，面阔三间，进深两间，通面阔8.9米，通进深8.7米，前台后室地面二城样砖十字缝粗墁。台口两侧砖砌八字影壁。

戏台1

戏台抹角梁

戏台翼角

3. 大木

戏台前台檐柱四根，高均为3.18米；前台后金柱二根，高3.12米。前台后檐柱四根，与后室前檐柱共用，西次间西缝后檐柱高3.52米，明间西缝后檐柱高3.6米，明间东缝后檐柱高3.6米，东次间东缝后檐柱高3.52米。前台前檐柱上置平板枋、随额枋，下施雀替，平板枋上摆安五踩重翘品字科斗栱，上承檐檩、挑檐檩。前台明间五架梁下施随梁枋，五架梁上置桁墩，其上搭置三架梁。三架梁下不施随梁枋，梁上置脊瓜柱、扶角背，再上置脊檩，脊檩下施脊枋。歇山梁架为抹角梁上承异形桁墩，再上承老角梁，老角梁前部以檐檩交角处为支点向外出挑，后尾以抹角梁为支点向内插挑交金垂柱，后尾承托踩步金与金枋。踩步金、老角梁和金枋用交金垂柱相连接，垂柱底端饰以垂莲柱头，踩步金插有山面檐椽，结角做法属挑金型。前台檐椽刷红色，椽步上铺望板，金步和脊步铺芦苇，其上即铺麦秸泥，筒板瓦屋面。檐椽圆形，飞椽方形。后室五架梁下用随梁枋，五架梁上置金瓜柱、扶角背，再上搭置三架梁，三架梁上置脊瓜柱、扶角背，再上置脊檩，脊檩下施脊枋，脊枋下有"清乾隆五十七年五月重修"的题记。檐椽圆形，飞椽方形。

4. 斗栱

戏台前檐下施"五彩重翘品字科"斗栱，向外出两跳无昂，坐斗简化为十字形构件，保留正心瓜栱、槽升子，花板代正心万栱、厢栱，外拽设花板，内拽无花板，略去三才升。

5. 墙体

戏台底层用砖墙，大开条砖糙淌白十字缝顺砌，高约2米，略有收分，内部结构不详；二层山面、后檐于柱外砌墙，下碱用砖墙，条砖淌白十字缝顺糙砌，高约

戏台2

0.32米，上身外侧用大草泥抹面，内侧白灰饰面，山墙、后檐墙外侧均有收分，内侧无收分。

6.木装修

前后台分界处明间安装六抹槅扇八扇，均可开启；两次间做八字屏风，戏台明间装木顶格天花。后室后檐东西两次间设木格窗。

7.屋面

戏台屋顶勾连搭形式，前为单檐歇山顶，后为硬山顶。戏台的屋面曲度变化较大，屋脊部分陡峭，屋檐部分平缓，翼角起翘剧烈，前后均为筒板瓦屋面。前卷正脊两端设有龙头型正吻一对，坐中设脊刹。脊刹由两层宝珠相叠为塔状。脊刹两侧均匀分布四跑走兽，垂脊端部设垂兽，后有两跑走兽，戗脊兽后两跑走兽，兽前一跑走兽，两山面北侧亦设垂脊，山面博脊为曲脊，山面外侧施砖砌山花，勾头、滴水均雕纹；后室正脊两端设有正吻一对，脊上无脊刹，均匀分布八跑走兽，垂脊端部设有垂兽，前有螳螂勾头，后无走兽。

8. 彩画

戏台东西山墙内壁绘人物故事图，前后台分界处明间槅扇绘八仙图，梁架绘苏式彩画，部分用雅伍墨彩画，木顶格天花上绘有太极八卦图。

9. 匾额楹联

戏台明间前檐额枋上悬挂木质匾额，高0.95米，宽1.95米，黑底绿字，匾面正中自右至左横刻阳文"篆正乾坤"四字，其左右两侧均自上而下竖刻阳文楷书，左侧为"嘉庆柒年岁次壬戌桐月上浣榖旦"，右侧为"赐进士出身署嘉峪关营游击肃州城守都司麟州王勤民"。戏台左右两侧砖砌八字影壁上留砖刻楹联，自上而下竖刻阳文楷书，上联为"离合悲欢演往事"，下联为"愚贤忠佞认当场"。

注：本章图版摄影未单独标注均为天津大学嘉峪关测绘组拍摄。

第三章
测绘实录

　　2018年7月6日—8月15日，天津大学建筑学院本硕博60余位同学赴甘肃嘉峪关进行古建筑测绘实习。测绘实习分为前期培训、现场工作以及内业制图三个阶段。老师和同学们严格遵守着测绘实习的程序，从不同视角书写测绘日志，并以此为基础做了五则微信公众号推送文章。其中既有对问题的困惑，也有测绘过程中的苦中作乐，更有意外收获的惊喜，全景式展示了嘉峪关测绘期间的点点滴滴。

第一节　奔赴雄关

终于踏上了春风不度的玉门关

2018年7月6日，学期末的考试周刚刚结束，新的阶段来临。当日清晨，来自2016级建筑学、城乡规划学的本科二年级学生及17、18级硕士、博士研究生在王其亨、张龙、张凤梧三位老师的带领下，整装待发。

暑期古建筑测绘实习，正式开始。

壹

前期培训日程摘要

2018年7月6日—2018年7月13日

王其亨老师动员讲话

2018年7月6日

上午：

王其亨老师年过古稀，进行测绘动员，亲自带队进入嘉峪关。

下午：

摄影培训

北洋纪念亭现场绘制草图

2018年7月7日

上午：

西楼集装箱爬梯练习

下午：

草图讲评

古建筑测绘实习讲座

2018年7月8日

上午：

测量培训

北洋纪念亭实地测量练习

下午：

测绘基本知识考试

古建筑测绘实习讲座

测绘爬梯练习现场

2018年7月9日

上午：

冯骥才文学艺术研究院实地观察

建筑学院模型室草图练习

下午：

王其亨老师进行草图讲评

订正并重新绘制草图

冯骥才文学艺术研究院草图练习

2018年7月10日

上午：

嘉峪关建筑讲座

下午：

测绘基本知识试卷讲解

嘉峪关建筑图绘制

测绘草图试画现场

评图现场

平山湖大峡谷景观

七彩丹霞地貌景观

2018年7月11日
测绘草图讲评

2018年7月12日
陆续出发前往嘉峪关

2018年7月14日
一路向西
天津—北京—石家庄北—
阳泉北—太原南—吕梁—定
边—武威—张掖……
由苍翠青山至苍茫大漠
由喧闹繁盛至寂静荒凉

从天津到嘉峪关
不论以何种方式跋涉
最终全员相聚此处
一切恰好到达了它该开始
的地方

贰

具体工作会议
2018年7月15日

晚八点，时隔多日，大家再次同聚一堂，听老师讲课。老师们通过丰富而生动的例子，对大家做了最后的动员，并对安全问题进行了强调。

讲课现场1　　　　　　　　　　　　　　　　　讲课现场2

"撩乱边愁听不尽，高高秋月照长城。"

这里是古时的西北边疆，夜里十点天空刚刚黑下去。未及日落，已经陷入沉寂，好像唯独我们是热闹的。同时，那些曾经只存在于纪录片和历史剧中的驼铃声，沿途枯败的树木和集聚的村舍，当地人好客的言语和浓重的口音，与中原地区一脉相承而带有异域风情的建筑，都从记忆深处被唤醒、复活，难免让人产生一种似是故人来的感情。

在这种情绪中，人容易感伤，也容易一展心头壮志豪情，我们还有漫长的时间让彼此熟悉。

明日为启，进关！

第二节 初识测绘

初识关城，绘制测稿。

一千六百公里的奔波刚刚休止，爱晚湖畔的微风未曾逝去，"北洋之声"的曲调还在回响，嘉峪关的测绘却悄然开始了。天刚刚泛起鱼肚白，七点十五分的嘉峪关还有丝丝凉意。

嘉峪关简述

嘉峪关始建于明洪武五年，地势险要。附近烽燧、墩台星罗棋布，关城东、西、南、北、东北各路共有墩台66座。嘉峪关攻防兼备，与附近的长城、城台、城壕、烽燧等设施构成了严密的军事防御体系。嘉峪关经过168年的修建，成为万里长城沿线最为壮观的关城，同时也是中国规模最大的关隘。

在七月下旬，天津大学建筑学院历史所带领着一个由60多位本、硕、博学生组成的团队将对嘉峪关进行全面的测绘。

测绘实习开始

测绘第一天清晨，吃完早餐后，大家一起前往嘉峪关关城。在关城前，景区负责安全的领导叮嘱大家注意个人及文物安全，张老师也提出了"十四项须知"以帮助大家规范自己的行为。最后大家合影留念，测绘活动正式开始。

张龙老师提出"十四项须知"

嘉峪关测绘组合影

叁

老师们示范与评图

　　年逾古稀的王老师不顾甘肃炎热干燥的气候，依然坚持在现场指导同学们进行测绘；他怀着对同学们的关爱与以及对建筑的热爱，依然身体力行地进行示范，以确保同学们能切实地理解与掌握要领。

王其亨老师爬梯观察梁架

张老师评图

　　同学们经历了一天的测绘后，回到住处，整理资料，修改图纸，并将当天遇到的难点和疑惑同老师讨论。晚餐过后，老师们不辞辛苦，对测稿进行统一讲评，指出同学们图纸中的问题。在旅社柔和的灯光下，老师们倾囊相授，同学们铭记于心。

肆

同学们的工作日常

在画测稿时，同学们专注于眼前的建筑与纸笔。此时的建筑仿佛是位故友，在喃喃细语中，你熟知了她的每一片砖瓦，丈量了她的每一寸柱梁；最后在纸和笔的相对运动中，你看见了她最美的模样。

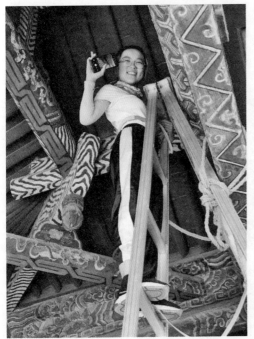

测绘工作现场

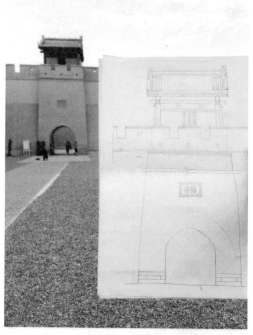

同学们绘制测绘图

时间紧迫的时候，大家中午便不回去午休了。我们喜欢在测绘的建筑中席地而睡。再多的辛苦劳累、风吹日晒，我们也依旧可以在一个翻身、一声哈欠后元气满满！

午间小憩

伍

小组合影

　　庞大的测绘团队被分成了多个小组，我们都有着不同的工作任务。大部分同学虽是初次合作，却也能快速地进入状态。在接下来日子中，我们共同经历的每一件小事，在现在看来也许毫无意义，但注定会成为大家毕生的记忆。

　　西北雄关飘落的海棠花，终于找到了各自的归宿，而来自北洋的海棠，究竟能为这座城做些什么，能否为后人投下一片阴凉，将海棠花香传播开来？

　　第一天的测绘工作结束了，不过，我们的故事，才刚刚开始。

东闸门组

柔远楼组

瓮城城楼组

角楼组

箭楼组

关帝庙组

游击将军府组

光化楼组

文昌阁组

敌楼组

戏台组

　　此次嘉峪关关城测绘，可以说是一次深入学习与了解明长城防御体系与甘青地区建筑的宝贵机会。站在城墙之上，不知多少学子会有弃笔从戎的念头。

　　但是我们有自己的战场！

　　　　黄沙百战穿金甲，不画完图终不还。

第三节　爬房上梁

整体把握关城测绘建筑群，现场测量开始。

测绘工作已经进行了几天，经过了最初的认知与测稿绘制阶段，整个嘉峪关的轮廓在同学们的心中渐渐清晰。

嘉峪关分为内城、瓮城、罗城、外城。

内城位于关城最里边，是关城的核心部分。明代，在内城设有军事指挥机关，先后设有守备司和游击将军府。

内城设有东西两座城门，东门叫做光化门，其上构筑三层三滴水城楼，名曰光化楼；西门叫做柔远门，其上构筑城楼，形制与光化门城楼相同，谓之柔远楼。南北城墙无门，墙顶居中筑敌台，上有敌楼。城墙四角各建方形砖砌二层单间角楼一座，亦称戍楼，为哨位。

壹

测稿绘制

当一块块砖瓦被抚摸，一根根梁柱被发现，同学们的心中已经形成了古建筑历经岁月的模样，最终绘出一张张精美的测稿。屋脊吻兽？翼角大样？通通难不倒我们的绘图高手。

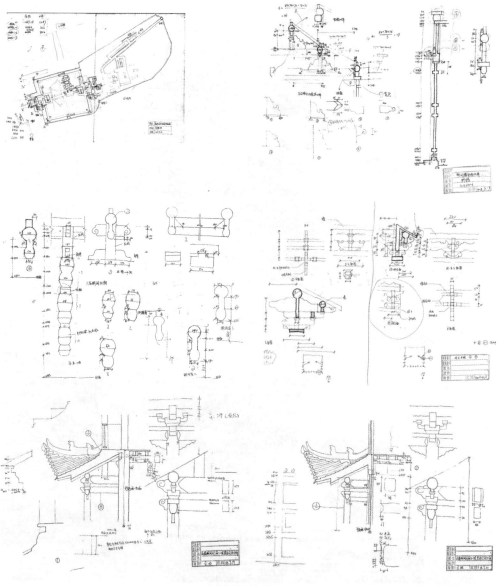

手绘部分测稿

贰

脚手架进场

测稿绘制完成之后就进入了实际测量阶段，大量的数据开始汇集。由于许多珍贵的数据都在梁架屋顶等高处，搭建脚手架是测量过程中必不可少的部分。王老师带头，张龙老师、张凤梧老师亲自上阵，向学生示范如何定点、搭建、固定脚手架，并亲自参与各组脚手架的搭建。

王其亨老师亲自上脚手架

高耸的脚手架，王其亨老师顶着烈日，不辞辛劳地爬上爬下，不仅监督改良脚手架的搭建，还亲身向学生示范每一个测量步骤。

张龙老师帮助搭建脚手架

张凤梧老师帮助学生搭建爬梯

"爬房上梁"

在这些充满苦与乐的挑战中，同学们之间的同袍之谊也在不断滋长。上下攀登时的援助之手，你测量我记数的通力协作，都将成为我们团队友谊的见证。我们用向上攀爬的勇气征服百尺危楼。

用几芥身影点缀这一片孤城万仞山

晨起，伴着初日起舞

晚归，英姿映衬明月

晴空万里，无惧烈阳

飞沙走石，岿然不动

危楼高百尺，手可摘星辰

第四节　苦中作乐

现场测量疲惫期，伴随着机图绘制，苦中作乐，却不失严谨认真。

随着大暑节气的来临，嘉峪关关城测绘实习也已进入白热化阶段。西北的盛夏，清晨不到六点太阳就升上来了，而晚上八点还有万道霞光透过层云洒在游人渐渐散去的关城。白天的艳阳并不能阻挡同学们向更高处的屋脊攀爬，即使汗水打湿前额、灰尘沾染衣襟，认真做事也是另一种优雅和体面；晚风微寒，还未收工，和测绘伙伴坐在屋顶望着星空和偌大的关城，此刻仿佛时空交错，穿梭百年……

测绘是对脑力和体力的考验，可能有时会感到疲惫，但脚步并不会因此放缓，年轻的心总能发现欢乐。

工作照

1.游击将军府

"吻兽"

2.光化楼

1：5西瓜斗栱实体模型

请长城接收来自测绘小组的比心

3.关帝庙

马："为什么不看我？"

不想说话

4.戏台

与图共眠

新摄影资势get

5.角楼、敌楼

经历了实地踏勘、草图绘制、测量，我们从一开始的懵懂、兴奋或者小小的畏惧，变为现在对测绘操作的逐渐熟练、对古建筑认识的逐渐明晰，这一过程辛苦而有趣。

测绘任务进入最后的攻坚阶段，大家逐步开始进行计算机图纸的绘制。在这个过程中，我们体会到测绘就像一次行军，也像一场修行，日日夜夜，风尘仆仆。马上就要结束这次行程，我们有很多想说却说不出的心绪……

"龙哥"淡定讲解

"龙哥"惊恐抬头

游客尚未到达时，燕群在城墙上盘旋。

去东闸门的路上，孤单的一只骆驼，一步一步走远。

抚摸城墙砖石的斑剥印记，鄙夷好事者留下的刻痕。

摊贩中有一人是天津卫唱腔，比导游更了解解说词。

默契地端平相机，摄录每个傍晚流走的落日和云。

惊艳于光影照射微小的雕花，

模仿古人悬居于整座通透的楼阁，

不论是关帝庙还是文昌阁，都已经成了"我的楼"。

见过清晨正午傍晚夜间，逐一升起和熄灭。

我与你，

赤子之心永存。

"龙哥"："好像打起来了，好可怕，我得走。"

第五节　成果转化

　　告别七月，结束早起晚归的嘉峪关关城外业，从甘肃返回天津，同样繁忙的绘制计算机图阶段拉开帷幕。

　　8月起，经历绘图培训后，每日清晨，在天津大学建筑学院西楼开展测绘图绘制工作。每一张照片、手绘图，每一组协作测量的数据，在短短的半个月中，转换成生动的CAD图稿。

　　在绘图过程中，组内、组间同学积极沟通，解决日常问题；每晚进行查图工作，和老师汇报交流。

张凤梧老师查阅指导CAD绘图

　　绘图的间隙大家有时会停下来思考，看到某组数据会想起外业的瞬间，那些留下深刻回忆的或具有微小意义的细节，都隐藏在了一根根线条的后面……

附　录　测绘日志

7月6日

今天是测绘培训的第一天。为了更好地胜任测绘工作，正式现场测绘前，我们在学校里提前进行了有关测绘技能和知识的培训。

上午，测绘动员大会在系馆六层报告厅进行，由王其亨教授主持。通过动员大会，我们了解到测绘的发展史，看到了前辈们在测绘现场忘我工作的照片，这不由得让我们对接下来的测绘实习充满了想象与期待，同时，也心生敬畏。

下午，朱蕾老师对于测绘工作的基本流程和测绘中建筑摄影的要求进行了介绍。这让我们对自己下一阶段要做的事，有了一个概括性的认识，我们渐渐明白应该从什么地方入手以及最终要完成的程度。讲座结束后，我们被安排绘制北洋纪念亭的平、立、剖面图。虽然大家经常看到北洋纪念亭，但画它的草图还是第一回。同学们在骄阳中惜时如金，它的形象很快就在每个同学的草图纸上变得清晰。晚饭后，大家集中到系馆的二层中庭，开始对中庭的斗栱进行草图描绘。斗栱是中国古代建筑中具有代表性的构件，了解斗栱的组成是了解中国古建筑中很重要的一环。

一天的时光很快流逝，我们打开了古建筑测绘的大门，对测绘实习这项工作有了更多的了解；在草图绘制中，也绕了很多弯子。大家总结了今天的收获，期待第二天的到来。

7月7日

早晨，大家集结在建筑学院西楼，任务是学习爬高。测绘中，爬梯子是必不可少的基本技能，但因为梯子在日常生活中已经不是很常见，所以同学们都跃跃欲试。老师讲解了使用梯子的要点和上下梯子的方法，研究生学长亲自做了演示。然后，每班分到了一个梯子，大家开始自己练习。自己上梯子之后才明白，有许多细节和技巧不能只是纸上谈兵，亲身实践才能掌握。之后，老师又拿出了测绘使用的工具，并演示了基本的使用方法。

下午，老师对测绘基本工作进行了介绍，并对6日所绘的草图进行了讲评。看到老师挑选出的优秀草图和较差的作业，大家知道了自己草图的不足以及画草图需要避免的错误。对于绘制测绘草图这个新技能，每个人都渴望着更快更好地掌握它，以便在实地测绘过程中能更加高效。

晚上，是丁垚老师的测绘实习讲座。丁老师从另一个角度切入主题，分析了生活中常见的建立与打破。

7月8日

测绘培训第三天。上午，吴葱老师向我们讲述了嘉峪关的历史、地理、风土人情。我们了解到，我们即将测绘的建筑群是经历了风风雨雨，见证了时代变迁而没有被时间埋没的伟大建筑。我们接触它，就是接触历史；了解它，就是了解时间是如何推着世间的一切缓缓前行的。嘉峪关就是矗立在大地上的时间的沉淀。

下午，我们分组测量了北洋纪念亭。这是听了多天理论课之后的第一次实践，我们也很认真地完成了测稿，了解到测绘工作应该化繁为简。

晚上，我们绘制了北洋纪念亭的CAD图，掌握了草图与计算机图纸之间的转换。画计算机图可以检查出很多测量的时候没有测到的数据，并做好标记进行补测。

7月9日

上交测绘试卷后，同学们分成两组，分别对实际建筑展开测绘。一组去冯骥才研究院绘制门楼，另一组去了系馆地下一层的模型室。对实际建筑的草图绘制，有利于同学们了解古建筑中各种构件的基本样式和搭接方法。同时，在这次草图绘制实践中，会遇到很多正式测绘中易出现的问题，也能明白自己画草图的时候存在的误区。下面总结一下大家都存在的问题和画草图应该注意的要点。

①先画平面图，看不到的地方可以摸一摸。

②立面不需要画完，确定对称后可以画一半。

③剖面要认真完成，剖面上的信息最多。

④草图不要画太细，细节吹泡画大样图，如实绘制建筑，大样图要有文字说明。

⑤画得要快，信息要全，要在现场把图画完。

相信，经过这次实际的绘制，同学们有了更多的经验，能在实习中做得更好。

7月10日

这是培训第五天。接下来的两天，是针对嘉峪关组的集中培训。

上午，老师发了嘉峪关测绘的小册子，里面是对本次测绘地点——嘉峪关的详细介绍，包括建筑群中单体建筑的概况，需要注意的问题，住宿、吃饭等生活上的各种安排，以及解决一些问题的基本手段。吴葱老师结合小册子，再次详细地介绍了嘉峪关的历史沿革、建筑概况和测绘需要注意的问题。

下午，根据分组，大家领到了自己需要测量的建筑的图纸和照片，老师要求画出建筑的草图。其实这是一个深度解剖自己所负责测绘建筑的过程，可以为以后实地测量打下基础。同学们通过各种方法搜集建筑的有关信息，依照照片和图纸画草图。每个人对自己将要测量的建筑做到了心中有数，这样就不会在现场无从下手了。

7月11日

上午，继续画草图。

下午，按照老师的要求，大家将画好的图纸挂在教室中，进行集中评图。这种把图纸挂在一起的方法，让同学们知道自己和别人的图有什么差别，自己和那些优秀的草图之间有多大的差距以及大家都存在的问题。

将大家常犯的几个问题总结如下。

①大样图要画厚度。

②从上往下标数据。

③确定建筑的对称关系。

④连续读数。

几天的测绘培训结束了，约定了转天集合的时间和地点后，大家解散了。希望这几天学到的知识和技巧，能够在现场得到实践，也希望我们能够圆满完成测绘任务。

7月15日

下午，在约定好的集合地点——一个离嘉峪关很近的小旅馆中，大家陆陆续续抵达。根据分好的房间，大家将自己的行李安顿好，去周围的小超市添置了一些生活必需品，顺便熟悉了一下周围的环境。旅店的条件还算不错，而且还有一个大家可以集中画图的大厅。

　　晚上八点，我们在旅馆大厅召开了第一次集中大会，带队老师们安排了任务，并着重强调了测绘期间的安全问题。安全是最重要的，一定要注意安全，切忌盲目、大意。之后，张龙老师分享了之前测绘遇到的一些趣事，大家情绪高涨，对第二天的正式测绘充满了期待。

7月16日

正式测绘第一天。

　　应嘉峪关管理人员的要求，我们在嘉峪文昌阁前的广场上参加了一个简单的欢迎仪式，景区的负责人再次强调了测绘时要一定要注意的安全问题，并告知大家要爱护文物。然后，各小组在带队学长学姐的带领下，各自前往自己负责的建筑。

　　来到负责的建筑后，大家先是充满好奇地将里里外外看了一遍，然后根据之前分配的任务迅速开始了画草图的工作。草图能直接反应绘图者的手绘水品，虽然之前在学校中有过培训，但面对真正的古建筑，复杂的结构还是让同学们有点招架不住。

曾许人间第一流

上午的工作从八点开始到十二点结束共四个小时，下午工作是从三点到八点五个小时。这里天黑得迟，到八点太阳还没有完全落下。原本以为会有很长的时间工作，但真正开始干活才发现时间不太够用，大家还没来得及完成任务，就到了景区关门的时候，这时候才理解了废寝忘食的意义。

晚上进行了第一次的评图。老师们认真负责地看了每个同学的草图，为每个人指出图纸上的问题。果不其然，最后因为图纸问题太多，图面效果很一般，老师收走了图纸，并要求同学们第二天再画一遍草图，避免今天提到的问题再次发生。

7月17日

正式测绘第二天。

应老师要求，大家将昨天的草图重新画了一遍。这次我们尽量使用确定的长直线条，保证图面的干净整洁，留出可以标尺寸的空间。因为是第二次画草图，并且有了昨天评图老师的指点，今天的草图比昨天要好很多，可以算得上是一份能够胜任测绘任务的草图了。画草图，就是为了给之后测量标数据做准备，是测量数据的载体，一份带有数据的草图才能算得上是测稿。同时，画草图也是在熟悉建筑，是一个细致观察的过程，观察建筑的搭接方式、构件位置以及相同构件的数量，这些都是最终图纸要表达的东西。因此，画草图是测绘的第一步。

在一天工作结束的时候，每个组拍了组内第一张合影，被放入微信公共号推送文章里，大家站在自己负责的建筑前，笑得很开心。

晚上，进行第二次评图，老师给出的反馈比前一天要好很多，但依旧指出同学们手绘图的水平普遍需要提高。因为明天要开始测量工作，所以草图阶段告一段落，评图结束后对草图进行了拍照留档。直到最后回学校画图的时候，大家才明白及时留档多么重要。

大家对明天的测量充满期待。

7月18日

今天开始第一天的测量。

我们在学长的安排下，领到了各自的测绘工具——铅锤、水平尺、钢卷尺、手套。虽然这些工具现在看来较为陌生，但他们将要陪伴我们度过接下来的十天。

预订的脚手架到了，全体男生一起去搬了脚手架。以前经常在施工的地方见到脚手架，但大家都是第一次使用，所以每个人都充满了新鲜感。老师在戏台的侧面先做示范搭了三层的脚手架，让我们了解脚手架基本的使用方法。王老师亲自示范上下脚手架的步骤以及在脚手架上如何安全作业，让我们不由得感叹，王老师宝刀未老。之后老师一再强调，需要使用或是移动脚手架，一定要和老师联系，由老师在旁边指导进行，毕竟对于大家来说，脚手架还是一个陌生的东西，应该小心使用。根据测量建筑物的具体情况，各组分配一定数量的脚手架，在老师的帮助下，在建筑中搭建了起来。很多同学都在今天有了第一次爬高体验，兴奋与害怕同在。

晚上回去，大家进行测量数据的记录，测稿和照片的留档。这些工作看似很耗费时间，却是测绘工作必不可少的环节，会在以后发挥巨大作用。

7月19日

测量第二天，一切工作都在有序进行着。

梯子到了，同学们开始测量一些高处的数据。相比于脚手架来说，梯子的优点是更加灵活，移动方便，而且可以够到更远的地方。而脚手架更加稳定，而且可以提供更大的活动空间。虽然老师们反复强调，绑好安全绳以后上梯子其实很安全，但是因为不熟悉，我们还是小心翼翼地在梯子上移动，放慢了测绘速度。

晚上回到旅馆，大家继续整理数据。今天的测稿数据，因为梯子的到来，增加了竖向更高处的数据，测稿变得更加丰富和完善。但同时也发现了自己测量方法的漏洞，在没有规划的测量过程中，漏测了很多本该一次测完的数据，以至于还要二次测量甚至是二次搭建脚手架爬高，这使测量效率大幅下降，值得反思。

7月20日

测量第三天，同学们开始适应测绘工作的节奏，测量变得越来越得心应手。因为测量内容的不同，组与组之间已经产生差距，进度最快的关帝庙组已经开始将测量的数据转换到CAD中，而进度较慢的组还在进行测量工作。对于测量和上机这两个工作，大家在经历过这次完整的测绘实习之后都有了新的认识。

最开始测绘的时候，我们认为上机图和测量应该是两个部分，测量是上机图的准备，上机图就表示测量的结束。测绘的流程应该是，认真地测量完所有数据，并画好测稿，然后使用CAD将测稿进行细致的重绘。但这种假设其实是忽略了测量不准确以及测量不全面的情况。首先明确测稿与机图的不同点：测稿是测量的准备，是在测量前先依照被测物体画好草图，然后再去测量，所以数据是标在测稿上的，不存在数据对不上的情况；而机图是测量的结果，完全依靠测量的长度和角度进行绘制，必定会出现数据合不上的问题。所以，如果将所有数据都测量好，然后再画机图，就会陷入因精度问题导致的无尽纠结中。而正确的测绘流程应该是：白天画测稿，测量数据，晚上就根据测稿画机图，再根据机图的绘制情况，确定第二天需要补测和重测的数据。这样可以保证测绘的进度，而减少返工次数。

老师在最开始测绘的时候就提到了这一点，但被同学们接受，却是在大家都开始根据测稿画机图的几天之后了。看来真的是实践出真知啊！

7月21日

测量第四天。

算算时间，差不多也到了整个测绘实习进程的中段，大家对测绘的新鲜感和好奇心渐渐消退，而工作的疲惫感渐渐袭来。同学们的状态普遍比较低迷，测量的速度慢了下来。天气也越来越炎热，有些组选择避开下午最热的时候出现场，晚去晚回，这不失为一种提高效率的好办法。

7月22日

测量已经进行了五天，很多组的同学都已经把测量的领域，拓展到了屋顶之上。对于在城市里出生长大的我们来说，上屋顶是一件特别有吸引力的事情。屋顶是另一个世界，它可以提供一个全新的看世界的视角。

对于上屋顶的这件事，新的建筑还好，但那些稍微有些年头的建筑，因为历时久远，所以屋顶的瓦片不是特别的牢固，很容易因为人的踩踏而变形和损坏。所以在上屋顶前，老师会很严肃地告知需要注意的问题，比如一定要做好安全工作，绑好安全绳，避免随身物品顺着屋顶滑落砸伤游客，横着踩筒瓦避免脚夹在筒瓦的凹陷处，以及屋脊吻兽不牢固不要扶靠。同学们小心翼翼地进行测量，避免对古建筑造成破坏。

但总有一些游客对我们的工作存在误解，将同学们的测量行为视作对古建筑的破坏而向相关部门反映。上午，在关帝庙屋顶测量的同学就被城墙上的游客举报了。游客直接向当地旅游局反映，最后全靠老师及时出面才得以平息。虽然老师似乎并没有觉得这是一件大事，但同学们却因为自己按照规定穿戴安全绳和工作服还依然被举报而感到委屈。关于被投诉这件事，其实具有两面性，一方面说明有越来越多的人开始在乎古建筑的保护问题，能分辨正确和错误的行为，并且通过合法的方式进行反击（向相关部门反映）；另一方面也说明，不了解清楚具体情况就做决定的人还有很多，太冲动往往造成很多不必要的麻烦。

中午，老师给同学们加餐，每人加一个鸡腿。这在很多人看来，是一件足以开心一下午一晚上的事。

晚上，大家依旧是在旅店的大厅里，整理测稿，画机图。有些组因为点云数据整理得较早，所以可以提前拿到测量建筑的点云数据。所谓点云，是通过在空间中发射和吸收信号而收集空间中的各种凸起凹陷的信息并通过电脑计算还原空间的手段，是一项较新的技术，运用到古建筑测绘上，可以精确地记录建筑上的所有信息，帮助研究者进行相关数据的记录收集。最后同学们得到的点云模型，是一个用点堆积起来的三维建筑模型，里面精确记录了建筑的信息。但点云的不足之处在于，每个点有大小，这就使得最后得到的数据会因为人的原因而存在误差，而这也是为什么老师一直强调，大数据通过点云确定，而一些构件的小数据一定要通过亲自测量，这样最终得到的建筑数据才较为可靠。但有一些同学没有认识到点云的不足之处，只看到点云的方便，所以进行机图绘制的时候，完全依照点云，也就是俗称"描点云"的工作。王其亨教授看到这种行为十分生气，严厉地批评了这样做的同学，并且再一次强调了点云的利弊，告知了大家测量数据的重要性和必要性，让同学们能更加清楚地定位点云应该在测绘中发挥的作用。

7月23日

因为"凤老师"有其他的任务，所以要提前离开。于是大家决定在"凤老师"还没走的时候，先拍一张大合照留念。同学们起了个大早，趁太阳光线还不是特别强烈，游客还没有进入景区，在关楼集合。大家按照规定的顺序找好自己的位置，在拍照的一瞬间一起露出笑脸。

拍完合照后，大家返回各自负责的地块，继续测绘工作。屋顶的数据都已经测量得差不多了，而梁架的数据还没有，所以梯子突然变得极为抢手。关帝庙里有一把原来的施工队留下来的木梯子，因为其高度正好可以够到一层的山门梁架，而成为各组争相借用的对象。其实后来反思，各组可以在借不到梯子的情况下，先进行下一步的工作，以便保证进度。

景区里面没有插座，所以画机图就面临着如何给电脑充电的问题。好在嘉峪关的历史研究所为我们提供了一间配有空调和插座的房间，方便同学们绘制机图。当然，房间的使用权属于那些已经到达画机图步骤的小组，还在测量过程中的小组暂时与空调房间无缘。

屋顶女孩

7月24日

忘了是谁先开始说的，要收梯子了。因为梯子更加方便移动，也能到达更高的地方，所以它很早就取代脚手架，成为测量高处数据的最佳工具。所以这个时候收梯子，让那些还没有测量完高处数据的组有点慌张，并且改变了测量顺序，以先测量完高处的数据为主要任务。同学们也渐渐理解了老师一开始说的规划好测量顺序和测量逻辑的重要性。其实，这几天测量下来，同学们已经适应了每天的作息和工作，一天的时间早就变得没有那么漫长，随着测绘工作接近尾声，每个人的心中都或多或少地有一些不舍吧。

晚上大家依旧是在大厅绘制机图，老师查图。明天要拍第二次合照，这次的地点是光化楼，比第一次更加正式，并且按照天大测绘的惯例，这次拍合照要上屋顶。光化楼三重屋檐，可以直接从二楼外部平台翻到一重檐，因为三楼封闭，所以登上二重檐和三重檐都要借助一重檐，沿着搭在屋檐上的接近90度的扶梯而上才能到达。因为越往上越考验人的胆量，而且安全绳的数量有限，所以上二层、三层屋檐的名额有限，先到先得。同学中不乏有胆子大的，早早的报了名，并期待着第二天的大合照，其他人则分别站在二层平台和一层屋檐，确定了分组，一天的工作就结束了。

7月25日

因为爬屋檐也需要时间，所以昨天报名登三层屋檐的人，要最先到达关楼，登二层屋檐的同学第二批到达，其余的人最后到。一重檐屋面不是很陡，二层楼平台的栏杆也不是很高，很容易就可以翻出去。这次每个人都吸取了经验教训，牢牢地系好了安全绳找到合适的地方坐下，等待着拍照人的口令。拍大合照是一个技术活，也是一个体力活，需要选择一个合适的角度，把建筑的整体框到镜头中，并且要将所有的同学也包含在内，还要找到合适的光影条件。当这些都准备妥当了之后，太阳已经突破东方的地平线，将阳光洒向同学们的脸庞，大家在努力朝着镜头露出笑脸的同时，都不自觉地眯起了眼睛。

中午吃饭的时候，"龙老师"请大家吃哈密瓜，这是这么长时间以来为数不多的水果摄入，大家吃得很开心。

晚上，王老师和"龙老师"在大厅评图。王老师依旧因为有同学以点云为标准画图而大发雷霆。然而这样的大发雷霆很多同学都表示不能理解，但我们现在要做的不是全盘否定点云，而是明确如何正确地使用。

7月26日

测绘结束前一天，脚手架被收走了。收脚手架这件事有提前通知，所以在这一天，那些还没有测完的小组，将那些闲置的脚手架都聚集到一起，开始疯狂地测量数据。因为脚手架的搭接和移动都必须要有老师在场，所以老师就不得不城上城下来回跑，老师顾不上的时候，博士生学长就成了"救命的最后一根稻草"。在"最后期限"面前，进度可谓喜人。而其他进度较快的小组，则是边画机图，边寻找漏测和不准确需要重测的数据。

晚上在大厅评图，因为时间有限，所以只选了将军府和文昌阁两组。将军府组因为进度一直都很快，所以图纸较为完善，老师们指出了一些细节上的小错误，总体上没有什么大毛病。而文昌阁建筑较为复杂，所以该组的图纸没有那么完善，也没有达到老师心中的标准，老师发了脾气。尽管测绘强度很大，但对成果的质量要求并没有放松，还是熟悉的天大高水准。这使得明天评图的其他组有些紧张，所以很多人选择熬夜，为了上交一份自己较为满意的答卷。

7月27日

测绘的最后一天，依旧忙碌。

昨天晚上评了将军府和文昌阁的图纸，结果不是很好。所以从昨天晚上开始，大家都在加紧画图。大概上午十点开始评图，王老师不断地给同学们指出制图的错误和误区，并且很耐心地回答同学们的问题，这让原本气氛很压抑的大厅变得和谐。各个小组在轻松愉快的氛围中度过了在嘉峪关的最后一次评图活动，并且明确了需要补测的数据。

下午，同学们回到嘉峪关，进行测绘实习最后的收尾工作。除了补测之前评图发现的遗漏数据以外，大家完善了照片归档，将自己负责的建筑仔细打扫，回收测量工具，与建筑合影留念。王老师还将关帝庙的赤兔马雕塑用红色的布围了起来，并指着它说："看，马结婚了！"测绘虽然很累，但到了真的要结束的时候，大家多少都有些不舍。

收拾完东西，从里到外关上一层又一层的门，上锁，完成与建筑的告别后，就是同学们的自由时间。有的同学因为前几天的熬夜赶图而选择回去睡觉；有的同学回去收拾东西准备第二天离开；有的同学虽然在嘉峪关测绘了这么久，却没有机会好好在景区中体验，他们选择在嘉峪关各处走走看看。

晚上，是在大厅的聚餐时间。饭菜丰盛，推杯换盏，人影绰绰。工作了这么多天，所有人都在今天，尽情地释放自己。卢见光同学唱响一首自己填词的《一路海棠》，将聚餐的气氛推向高潮。大家见到了王老师最多的笑脸，每个人也都用最大声的笑，和嘉峪关告别。

7月28日

大家带着丰硕的测绘成果陆陆续续地离开，曾经吵闹的旅店重归安静。

注：本章图片摄影未单独标注均为天津大学嘉峪关测绘组拍摄。

第四章
嘉峪关认知

　　在硕果累累的背后是一群执着努力的年轻学子，他们富有激情和活力，俨然成为荒凉大漠之上的花火，他们用自己的青春书写着诗和远方。结束现场工作后，每个人脑海中都有一幅嘉峪关图景，天津大学建筑学院2016级同学们根据自己的经历，撰写了关于嘉峪关历史、建筑、文化、空间认知的短文13篇。博士研究生李梦思在王其亨教授的指导下对嘉峪关城门的拱券做了研究探析。

第一节 嘉峪关印象

关城

白慧

"黄昏宿燕归来晚，怨锁双扉鸣漠风。"上学期间读过许多边塞诗，对感性的人来说，嘉峪关如同江南和蜀中一样，是一生一定要来的地方。来之前我对这里有过许多的设想，想象它会不会只是高楼大厦中挤出的一方旧城，像这繁华中的疮痍，抹不去也留不住。可到了这里才感受到，它从没失去古代诗歌中的那种意境；也是到了这里才明白，古时边塞诗的灵感来源。

明朝以前，嘉峪关有关无城，《秦边纪略》有记："初有水而后置关，有关而后建楼，有楼而后筑长城，长城筑而后可守也。"将军冯胜在平定河西班师途中，选址河西走廊中部，嘉峪塬西麓建关，修建了城墙、阁楼、烽火台。经过一百六十

关楼（左）、柔远楼（右）

余年的起起落落，在时光巨轮缓慢的吱嘎声中，这座东连酒泉、西接玉门、北靠黑山、南临祁连的要塞之城终于渐渐隆起。

关城上的建筑不似皇城里那些官式建筑，它不张扬，不追求高大宏伟，却给人一种虚怀若谷的感觉。在茫茫戈壁里，嘉峪关更像是一种精神象征，它耸立在那，斩断隘口两侧的视线，人们只能仰望。定城砖、冰道运石、山羊驮砖、击石燕鸣的故事，更为这座城增添了几分传奇色彩，同时也颂扬了古代劳动人民的勤劳、勇敢和智慧，给到此驻足的游客带来无限的遐想。

关城以内城为主，西宽东窄，开东、西两门，东为"光化"，西为"柔远"，构图对称，城台上建有三层歇山顶式建筑。此外，东、西两门还各有一瓮城相护，西门外更有罗城，上建关楼。内城四隅有角楼，稳固坚实；南、北墙中段有敌楼，单层三间式建筑且带前廊。出与入，都需要通过五道门的关卡和曲折迂回的路，这为这座城带来了良好的防御能力。

内城外也有文昌阁、关帝庙、戏台等建筑，但嘉峪关作为一个戍守之城，它似乎忽略了这些悠然地渗入生活的点滴，而是放大了它的荒凉与血腥。守军构成了这座城的生活主体，傍晚时分的袅袅炊烟拂过飘扬的战旗与冰冷的铁刃，一切都失了那股城市中的烟火气。

嘉峪关是明长城的西起点，是明长城沿线建造规模最大、保存程度最好的古代军事堡垒，是各朝各代重要的军事要塞，素有"河西重镇""边陲锁钥"之称。它也是古丝绸之路的必经之地，丝路文化与其融为一体，交相辉映。1961年，关城被国务院公布为首批全国重点文物保护单位，百余年过去了，几经修缮，它依然在那大漠戈壁静默着、屹立着。

测绘伊始至今，已辗转几月，提及关城，脑海里总有两个挥之不去的场景。一是站在南城墙沿着夯土墙向南望去，东南向的城内是一片绿洲，而西南向的城外却是黄沙遍野一片荒凉。"蜀中大雨连绵，关外横尸遍野"大抵该是此景吧。另一个是雨后初晴的黄昏，日光穿透云层，照在城墙与楼阁上，让我真切感受到"黑云压城城欲摧，甲光向日金鳞开"的情景。从前觉得诗作中的措辞很夸张，见了它我才明白那时为何会产生如此豪情的边塞诗。

关城之于茫茫大漠，是渺小的存在，之于隘口边防，却是重要的一环。多少能工巧匠的精确计算、堆砖砌瓦、挥毫彩绘，令十余米的高台层层而起。万里长城的尽头，它陪着这广阔大漠不波不澜，恒久伫立。

嘉峪关关城自陈书

毕心怡

初见嘉峪关关城时，天空布满阴霾，颇有黑云压城之势。西风凛冽，关城以一种近乎孤勇的姿态傲立于雪山大漠之间。漫步城台之上，我不禁想起镌刻在希腊德尔菲神庙柱廊上的三个问题。古人认为，众生之中，谁能回答出这三个问题，谁就是真正的强者。我想试着站在嘉峪关的角度，替嘉峪关回答。

第一个问题，我是谁？这个问题指向空间。打开中国地图，有两条横亘东西的生命线，以其无与伦比的重要性深深嵌入巨龙的身躯：一条自西向东，直达于海，是守护古老民族的万里长城；另一条自东向西，深入大漠，是拓展华夏文明的丝绸之路。两条紧系中华民族生存与发展的命脉，在历史的长河中飘摇、延伸，终于在600年前交汇缠绕，我是那缠绕的结点。东连酒泉，西接玉门，背靠黑山，南临祁连，我是明长城的最西端，是古丝绸之路的要塞；我是河西的咽喉，是边陲的锁钥。

第二个问题，我从哪里来？这个问题指向时间。漫漫的时间长河，磨平了多少事物的印痕，我亦几经飘摇。古为西戎地，秦属乌孙，汉初又为匈奴所占。汉武帝元狩二年（公元前121年），骠骑将军霍去病击破匈奴右地，"始筑令居以西，初置酒泉郡"。南北朝我为前凉、西凉、北凉、西魏所据，唐属酒泉县，宋被吐蕃、回鹘、西夏占领，元属肃州路，明归肃州卫，设嘉峪关所。但我依然矗立，身上还带着历史遗留的印记。定城砖述说着明朝工匠的精心巧思，左公柳记载着左宗棠抬棺西征的铿锵豪迈，击石燕鸣墙倾诉着家眷对出关将士的祈祝牵挂。我见证过将士征战的铁血豪情，出关游子的怅然回望，西域商人的滚滚财源；我亦见证过英雄纵酒欢笑，美人伤心垂泪。时间于我，是一种沧海桑田式的馈赠。

第三个问题：我将到何处去？这个问题指向命运。我既没有湮灭在历史的长河中，也不会在未来被人们遗忘。遥想战乱年代，沙场血染，马革裹尸，将士们鼎立于大漠雪山的英勇无畏赋予我孤绝勇敢的灵魂。然而远离故土的征人遥望夜空思念亲人的那一声叹息，又赋予我一抹忧郁的气质。所有人都会背那一句"大漠孤烟直"，我是中国人千百年来抹不去的大漠意象与文化情节。如今抓住了"新丝绸之路"的重大机遇，我定会腾飞，我将永远连接着古今时代。

我名为嘉峪关，我乃天下第一雄关。众生皆要面对空间、时间与命运，我环视四周，无人同行。

君子有所思行

费扬

黄昏，站在嘉峪关的城台上，橘红色的夕阳让荒芜的碎石沙砾都有了颜色，眼前的画面似乎静止了。直到恍惚中耳边蓦地传来一声鸟鸣，静谧之中的嘈杂便被无限放大，细微的风声就变成了千年前军士或出关旅人间的私语。这份思接千古、神交古人的际遇，在亘古不变的塞外景色中似乎也不显得难得。这里是明长城的最西处，是河西走廊的咽喉。嘉峪关矗立在茫茫的戈壁滩上，有如一位饱经风霜的巨人，他似乎蕴含着中华民族的精神，如古老的东方古国一样，风尘仆仆却有强大的生命力。他扎根在这片土地上，伴着雪山与长城，像一条龙盘在祖国的西北边疆。他经历过荣耀辉煌，也尝到过屈辱，但顽强的生命力使他经久而不衰。

生命力来源于文化，来源于文化下的每一个个体。个体如大小不一的水滴，它们汇聚而成的洪流可以在一片土地上轻易冲刷出一个民族的痕记。西北本是荒漠，汉朝时军民来西部戍兵屯田，武威、酒泉、张掖、敦煌等地渐渐繁荣起来，中华民族才算在西北扎下了根，这一扎就是两千年。河西走廊是丝绸之路的温床，是文化奇迹的诞生之所。

嘉峪关的建造是军民共同努力的结果。在调研中我们发现，建设城台所用的砖形制多有不同。官窑、私窑，甚至附近拆掉的砖房的剩余，都从或近或远的地方运过来，就这样一块叠一块，垒成了这西北第一雄关。

身处西北地区，时间、空间的概念好像自然就变得模糊淡漠。在嘉峪关停留的半个月的光景，每当我抬头缓解脖颈的酸痛，映入眼中的都是远处连绵的山，有时还有雾。山的轮廓杂糅在一起让人难以分辨，但深浅变化的颜色却自然地给山分了层次，画面就不显得单调。白天，偶尔凝视雪山山头静止的白，在炽热太阳下的我仿佛也能感受到一股清凉，便深吸一口臆想中的凉气，继续投入工作了。百十公里外的祁连雪山仿佛就在眼前空旷的戈壁上。

嘉峪关的时间似乎只分为白昼和黑夜，缺少变化的景色不会给人留有太多遐想的空间，也自然没了对时间变化的期待。正是这份单调却能够让人在艰苦的劳动中祛除浮躁，陶冶性情，沉淀心境。

源于嘉峪关关楼屋顶的思考

郭布昕

《易·系辞下》中说到："上古穴居而野处，后世圣人易之以宫室，上栋下宇，以待风雨，盖取诸大壮。"从人类生存的基本要求来看，屋顶是建筑元素中最不可缺少的部分。与现代建筑不同，建筑外形塑造是中国古建筑的重点，其大小几乎可以达到立面高度的一半，屋顶举折和屋面起翘、出翘，形成曲线优美的伸展的檐角，再加上屋顶脊兽的装饰处理，使得古建筑屋顶充满了美感与张力。

我负责测绘的建筑是嘉峪关关楼。关楼的屋顶形式为三重檐歇山顶。歇山顶在规格上仅次于庑殿顶，由一条正脊、四条垂脊和四条戗脊组成。其上半部分为悬山顶或硬山顶的样式，下半部分为庑殿顶的样式。屋顶两侧形成垂直的三角形墙面，山面有博缝板。前后两坡屋面都不是直坡，而是一种越往上坡度越陡、越往下坡度越缓的凹曲面形式。

和之前去过的故宫太和殿的庑殿顶相比，我认为庑殿顶比歇山顶更高级的原因不仅仅因为它形成的时间更早，还因为庑殿顶的形态本身，曲线更流畅，到檐角时微微起翘，舒缓而不张扬，简洁而有张力，表现出中国古建筑谦逊和沉稳的性格。测绘后过我又到杭州、苏州，当地古建筑屋顶檐角的起翘程度很大，所展现的建筑性格较嘉峪关而言更活泼一些，但我认为离太和殿或关楼沉静庄严的美相差甚远。

古建筑屋顶的轮廓线形成了建筑的外在形象边界，飞檐又处于建筑屋顶的左右末端和焦点部位，体现传统文化的对称和灵动之美。嘉峪关关楼屋顶上的脊兽加强了屋顶向外伸展的张力。脊兽最初是为了保护木栓和铁钉，防止漏水和生锈，对脊的连接部起固定和支撑作用，后来才发展出了装饰功能，并有严格的等级意义。

屋顶瓦当上雕刻饕餮纹，饕餮是古时传说只有头而没有身子的猛兽，瓦当以及其他器物运用饕餮图案时均只有头部形象。用饕餮纹作为装饰图案反映了当时人们对野兽的恐慌，而兽类在当时既是人们的食物又是威胁，所以饕餮纹不仅从视觉上展现了古代文明，还展示出人们对自然的敬畏与崇拜。

对比现代建筑和古建筑的屋顶，我认为最大的一点不同是，现代建筑的屋顶退化为一种仅仅满足功能需求的建筑元素，不与环境和天空呼应，也不体现人对于自身、建筑和自然的思考。也许不仅仅是屋顶，现在整个建筑或是城市的构建思想都值得我们去深刻反思。

嘉峪关历史、文化、建筑、空间认知
韩志琛

"北倚黑山嘉峪，南凭红山祁连，关城居中，险峻天成"，"河山襟带，为羌戎通驿之路"，说的就是兼具防御和税卡之双重功用的嘉峪关。自明洪武五年（1372年）至万历元年（1573年），嘉峪关从一个小土城蜕变为壁垒森严的军事防御体系中的一个大关和沟通东西的重要交通门户。

嘉峪关位于甘青地区，地处偏远，属于温带大陆性荒漠气候，日照强烈而时间长，降水少，蒸发快，大风多，温差大。由于特殊的自然条件，此处一直是一个拥有多民族多元宗教文化的地区。而明清以来，在封建统治者为维护政治伦理纲常的大力推崇下，关公信仰达到了顶点，可谓是"关公庙貌遍天下，五洲无处不焚香"。嘉峪关本就多有来自关公信仰发源地和兴盛地区的山陕弟子等外地人士，故而它既是当地人伦教化的重要场所，也是不可缺少的社会文化中心。作为明清时期嘉峪关关城附属设施之一，关帝庙在当时有着十分重要的意义。下面就我浅陋的认知，浅析嘉峪关关帝庙与山西关帝庙建筑的异同。

一、平面形制

嘉峪关明清碑文记载：自明正德二年（1507年）原位于内城中心地带的玄帝庙被移建至外城以来，至清光绪四年（1878年）共370余年间的五次关帝庙修缮活动，其中以万历十年（1582年）修缮扩建规模最大。想来那时嘉峪关关帝庙平面应已基本定形。庙院坐北面南，牌楼和山门、东西配殿、正殿共同围合成院落。而山西关帝庙建筑有一种相对固定的空间序列，即"前朝后寝"的布局形式。

二、群体空间组合方式及特点

山西关帝庙建筑有宫殿式和合院式群体组合形式。山门、配殿、献殿、正殿、钟楼等建筑均独立成形，共同围成庭院空间。但嘉峪关关帝庙庭院是由山门、配殿与正殿相接围合而成的。配殿与山门同高，似为一体，地位相当；矮于正殿，与山门正殿南墙相接，交接处处理简单直接。

三、空间的性质与特征

1. 前导空间

嘉峪关关帝庙的山门与牌楼相距很近，且三层高庑殿顶的牌楼精致高耸，与低矮简陋的山门格格不入。不同于山西关帝庙以山门为核心的前导空间，嘉峪关关帝庙重心在牌楼上，山门存在感比较弱。"关帝庙前牌楼采用三件长曲腹型角梁组形式，但是它的老角梁梁首雕成龙首形式，这种做法在河西地区十分普遍，代表着特殊的含义。老角梁端部和子角梁端部的套兽往往雕成龙首形，子角梁两侧有鱼鳞花纹的彩绘，腹部则绘有蛇腹的图案，这都是龙颈，龙身的象征。"山西关帝庙多有影壁在前，取吉祥之意，而嘉峪关关帝庙前的影壁则是依靠在东城墙上面向东面的文昌阁，而垂直于南北向的牌楼似乎并非一体。

2. 核心空间

"山西现存关帝庙建筑中大部分正殿为面阔三开间，三进深，屋顶形式多为卷棚、悬山和硬山顶，规模不大。只有少数面阔五间，最大为七间，屋顶为歇山顶。"而嘉峪关正殿面阔五间，进深四间，屋顶为歇山顶，相比算是较高的形制。嘉峪关关帝庙是歇山顶，道域空间高于礼拜空间。另外，嘉峪关关帝庙正殿内利用了减柱法使正殿入口内凹，扩大延长了围合感很强的庭院空间。而山西关帝庙用此法是因为道域空间高于礼拜空间，为使雕像领域进一步扩大。嘉峪关关帝庙正殿的台明与配殿等高，没有用于衬托的高台基、月台及后续空间。正殿前的庭院窄长，规模较小，不比山西关帝庙的"以满足在庙会等大型祭祀活动时有足够空间容纳广大祭祀者与朝拜者"的大庭院。

3. 室外空间

嘉峪关关帝庙建筑组群仅有一个庭院，即其主体庭院和空间中心。但嘉峪关关帝庙的庭院呈南北向的长方形，空间狭窄，在庭院中仅能看到正殿明间，没有山西关帝庙建筑阔大的主体庭院。庭院没有园林空间，也没有做简单的庭院园林化。

嘉峪关关帝庙更像是在不同历史条件下多次维修后融合的建筑，既有华美的牌楼和高耸的正殿，维持了表面的景象，也存在山门、配殿和庭院的不精致化与跨时代化的现象。建筑是文化的载体，甘青建筑有兼容并包、多元融合的特点。嘉峪关关帝庙也体现了甘青建筑做法上的灵活多变、适应性强。

关帝庙前小记

黄雨欢

不得不先说，事实上，在嘉峪关的那段时日里，我几乎一直待在外城，整日地围着关帝庙赶工，仅一次完整地感受了关城的全貌，因此所见仅是极小的一隅。可光是在这瓮城前的小小一角，却总也能发现些趣事。

瓮城，游客们都在找什么

每天，都会有不知情的游客推开关帝庙的大门，而有的却不是为了参观内部，他们迷茫地、不约而同地问出同一个令人有些意想不到的问题："是从这儿进去（进城）吗？"在牌楼前，我也被游客问过好几次相似的问题。游客们从文昌阁方向进入，来到小广场上，一时却不知如何到达眼前那高高城墙的另一端。

瓮城在西，关帝庙、戏台与文昌阁在东，而瓮城的城门开在了南面，游客几乎都从正对着瓮城的东墙而来，确实难以发现。

内城的轴线呈东西方向，瓮城的另一个门开在了西面，即轴线上。直接搜索瓮城的例子，发现城门确实大多开在相邻两个面上，穿越时需要走一个L形路线（虽说也看到过两门相对而开的图例），这样做不知是否是为了使刚进瓮城的人能有一种失去前路的局促与紧张，在前进时产生片刻的犹豫。

也许原本的主要道路是从戏台后方绕过、转弯后直通向瓮城城门的，而关帝庙等集会之地不过是在道路旁侧，即内城在东，外城集会之地在西，主路从中穿过，士兵列阵其旁。文昌阁下有门洞，也许戏台与文昌阁间曾经有别的建筑封了如今的路，像如今这般纷纷穿过文昌阁再进入瓮城的可能性实在不大。

可城门为何开在几乎接近外城城墙的南面，而不是更加广阔的北面呢？是为了避开闹市和居住人群、从旁而入吗？还是想看看那南面的雪山？

另外，每逢过节之时，瓮城上站岗的士兵会不会往下瞭，盛况与亲人一览无余，就像每天从上往下看到我们在关帝庙内写写画画的游客那样。

戏台，庙门对戏台

每日听导游反反复复念叨的，便是"庙门对戏台，财源滚滚来"。

我有幸负责了山门的测量，接连好几日能够在庙中隔窗看戏。戏日复一日，游人日复一日，幕布却气象万千。

不知是否是有意安排，戏台的后方正是雪山。这边是盛夏，那边却是切切实实的积雪。时而，山上起了雾，积雪便看不清了。下雨时，便只剩了荒漠。

雪山，荒漠，戏台，相似却感情各异的戏，路过而消失的陌生人，都在画里。

关帝庙，只顾南方

从东闸门而来，靠近之前，一定能一眼望见文昌阁，却不一定能辨别出关帝庙。若是搜索游人拍摄的照片，这个角度的关帝庙确实常与后方的城墙处于同等的配景地位。关帝庙只有由南而进是美的，尤其牌楼极美。斗栱、飞椽也都只在由南而入的视野里，其余则能简则简。

关帝庙移的移、修的修，前前后后许多次，说不清每一处究竟经历了什么。但当年它的周围应该挤满了建筑，连过人的小巷都不剩了，也许不会有人去关心其他立面究竟如何吧。关帝庙跟文昌阁的屋顶相交在了一起，也可见当年的建筑密度。说到屋顶相交，究竟是怎样的先后顺序、发生了什么才造成这样的状况，可能性也十分之多。

土，在荒漠的气势

土瓦，土墙，土吻兽。

嘉峪关少雨，只有少雨的嘉峪关才敢这般建造。

测绘后我去了月牙泉，沙漠中精致的小楼是海市蜃楼般的世外桃源，沙是细的，楼伴着泉水而立。

而嘉峪关是粗犷而雄伟的，在布着砂砾与草团的戈壁上，费尽千辛万苦运来了石，又索性添了些土，直接横守在了当年荒凉的边疆，这是只有嘉峪关才有的气势。

小，别样的雄伟

测绘前老师就曾提起过，关城的楼，两层的高度修了三层，因而看上去尺度很大。

嘉峪关的确不大，比在照片上看的、听说的、一直以来的印象小了太多。

关帝庙小，小院总被笼在侧殿的阴影里。

文昌阁也小，从文昌阁的楼梯上去时，总觉得当年有不少文人在这极陡极窄的地方摔过跟斗，或是撞了膝盖后暗暗忍着。

城也小，不多久便走完了，城墙上的路也窄得很。

也许古人习惯了小，对尺度的感知与我们不同；也许周遭的戈壁太辽阔，而人不由得把观景时的那份雄伟感赋予了建筑；也许正是小小的梯，窄窄的路，衬出了城的大；也许这儿站上当年的士兵时，便又是另一番气势了……

总之，嘉峪关的雄伟确是毋庸置疑的。

东闸门

赖宏睿

这个夏日，我们来到了曾经的西北边陲嘉峪关。这是一座始建于明洪武五年（1372年）的古老关口，号称"天下第一雄关"。我与测绘小组成员吴建楠一同负责嘉峪关关城东闸门的测绘工作。

东闸门位于关城建筑群东北角的高坡上，与长城相连。这座始建于明嘉靖十八年（1539年）的建筑由城门洞和门楼构成。城门洞采用石条砌基，排叉柱支撑，砖砌壁。门洞上构筑一殿一卷硬山顶木构门楼，面阔三间，进深三间。

嘉峪关东闸门（威廉·埃德加·盖洛，1909年，《中国万里长城》）

嘉峪关东闸门（2018年）

当地导游在介绍东闸门时，称其名字由来是因为士兵从闸门内向下冲锋犹如闸门放水一样势不可挡。但观察照片可以发现：在东闸门正前方原有一座照壁（现已拆除）。这说明了这座城门在当时并没有快速通过大量人流的功能需求——这与东闸门承担嘉峪关关城后门分隔关城和农村的作用相称。

测绘初期，我没有察觉到东闸门做法的研究方向，直到王老师给出提示，才发觉方形的门洞不同于常见的砖筒拱城门。在城门上开始出现砖筒拱结构的南宋之前，使用密集的排叉柱支撑才是常见的城门做法。明代所建的城门洞却还原了宋《营造法式》中记载的排叉柱做法。在中国现存的古城门中，这种例子十分罕见。

东闸门排叉柱

北宋汴梁城门
（《〈营造法式〉与江南建筑》）

对比北宋汴梁城门、岱庙正阳门和东闸门的城门洞可以发现：岱庙正阳门基本与汴梁城门做法一致，排叉柱上架洪门栿（下层过梁），栿上立蜀柱和斜撑，支撑狼牙栿（上层过梁）组成桁架，形成一个梯形盝顶。但是东闸门却采用一块"凸"字形的门梁敷衍了事——这么做的原因尚不清楚。不过在测绘的过程中，我发现过梁上方的多皮砖出现明显的下凹。这可能与过梁做法粗糙有关。

虽然东闸门保存状况良好，不过其面貌在历次修整后不可避免地发生了一些变化。在对比历史照片后，可以发现门楼部分近百年来的变化尤其明显。

首先，1909年，东闸门门楼屋顶正脊并没有宝顶，正脊和垂脊上也没有脊兽。根据在正脊上发现的字样，现今所见的宝顶和脊兽应是1986年维修时所加。

嘉峪关东闸门门洞

岱庙正阳门门洞 2014年（《水浒传》与岱山岱庙）

东闸门门楼 1909年（《中国万里长城》）

东闸门门楼（2018年）

正脊上的"1986年"字样

东闸门宝顶

　　这次维修使得东闸门成为嘉峪关关城里唯一拥有宝顶的硬山建筑。只是后加宝顶的做法实在令人匪夷所思——四块板瓦两两相对叠合成上下两层，两层之间夹滴水，上层覆勾头，并在勾头上放置了脊兽（与正脊上其余脊兽并无二致）。

　　该宝顶极有可能是工匠的即兴发挥——所用的部件均为东闸门屋顶所能用到的标准构件，而且使用水泥砂浆直接黏合的做法也相当粗糙。不过，这简陋的宝顶也是嘉峪关关城的孤例。有意思的是，透过板瓦之间的孔洞，正好可以将光化楼、柔远楼和关楼尽收眼底。

其次，东闸门原来是有垛口的——这与关城的军用性质相符。但是如今已被削为不足半米的平整矮墙，靠近有跌落风险。削平垛口不仅使东闸门失去一大历史特征，也阻断了门楼对外开放参观的可能，着实遗憾。

虽然过程相当枯燥，但是古建筑测绘实在是一件有意思的事情。不同于简单地游览参观，测绘的工作深度使我们得以接触古建筑从台基到宝顶的每一部分，去观察，去触摸，去发现，去记录。古建筑蕴含着跨越生命长度的匠心，它的故事如能被写下，不会逊色于任何一部传记。

最后，感谢王其亨、张凤梧和张龙老师在测绘过程中的悉心指导，感谢刘生雨学姐和测绘伙伴的帮助！

嘉峪关东闸门

故事从这里开始

兰迪

I

大队人马正在西北的荒野上疾驰，清冷的月光在银盔银甲上反射出近乎白色的光，这反光仿佛是天地间唯一有生气的东西。

他骑在马上，荒漠的干燥让他有些口渴。从家乡来到西域已经三年了，这自然不会像当初那样困扰他，就像他已经习惯了不再去想远在天边的家乡。他正随将军芮宁追逐向西逃窜的胡人。吐鲁番对于嘉峪关觊觎已久，可人人都知道，嘉峪关地处交通咽喉，难以攻破。即便如此，他每次想到自己正处在那一发千钧之上，心里总会觉得不安。不过这也是杞人忧天，自洪武五年（1372年）冯将军建嘉峪关始，胡人就始终未能踏入关内一步。

一支箭从耳边擦过。当他回过神来的时候，一切就都陷入了混乱。他们中了埋伏。他从来没见过那么多胡人。芮将军在高声下着命令。随后是伤口撕裂的剧痛，他坠于马下，正对天空中的明月。那月亮白得像雪，和小时候家乡的一样。

那一年是1516年，吐鲁番以万骑攻破嘉峪关，游击将军芮宁出御，自朝鏖战至暮，矢尽，中流矢死，全军陷没。

而嘉峪关一言不发，只是目睹着这场残杀。

II

1842年的一天，林则徐在"天下雄关"四个大字前下了马。

他看着这四个字一言不发。和每一个初来此地的人一样，他觉得有些干渴得难以忍受。他自嘲地笑笑。从两广总督到充军西域，这转变未免有些太大了。禁烟时百姓的欢呼仿佛还在耳畔，而今品起来却有点苦涩，和嘴里的干涩一同折磨着他。

出关了。人人都知道，出了嘉峪关就算是正式到了西域了，这城墙仿佛拔地而起，硬生生地将家乡，连带着梦想从自己身上斩断。回不去了，他提醒自己。他会死在这里。他不愿想起这是他所为之付出的朝廷为他安排的归宿。

既然后路已无，而前路漫漫，何不在此稍作停留？他吩咐随从取来纸笔。回头看看嘉峪关，这个阻断一切的屹立于天地之间的城是那么的壮丽。仿佛是发泄一般，他写道：

严关百尺界天西，万里征人驻马蹄。

飞阁遥连秦树直，缭垣斜压陇云低。

天山巉削摩肩立，瀚海苍茫入望迷。

谁道崤函千古险，回看只见一丸泥。

该走了。身后的嘉峪关一言不发，目送他离去。

III

这个孩子对于导游的讲解没什么兴趣，倒是对着城墙上的铜炮研究了好一会。一会他抬头问父亲："爸爸，这些大炮是用来打谁的呀？"

"古时候这些炮都是用来打关外的敌人的，好像有一次吐鲁番还把嘉峪关攻下来了呢。"

"那现在这些炮都没有用了？"

"是呀，哪还有什么敌人呀，这里现在都是旅游区了。"

不知道嘉峪关听到这段对话会不会摇头叹息。他没有忘记自己当初是为了战争而生，他曾扼住这咽喉要道，沉默着目睹残酷的杀戮，也曾阻断过无数流放者的希望，以沉默回应着他们不甘的回望。如今已无用武之地的他看到这么多人前来一睹他已不复当年的风采，不知会不会感到讽刺。时光飞逝，他一言未发，就这样站在晨光与夕阳里，在每个来来往往的过客眼中，留下一个属于他们自己的嘉峪关。

文昌阁前的小将军

嘉峪关印象

李馥含

河西走廊，平沙漠漠，戈壁茫茫，在莽莽祁连与陡峭黑山之间有一个雄奇壮丽的地方，名叫嘉峪关。

"朝旭丽飞旌，凯风壮长戟"，"浮云飘忽去无边，云雪抹蓝天"。在嘉峪关的内外城郭里，我格外喜欢关楼。每每于暮色初降之时登高望远，总会觉得整座关城像一位毕生戎马的老将军般顶天立地，在纸醉金迷的繁荣世间执着甚至固执地坚守着铿锵铁骨，黄沙拂面，清风迎袖，于金戈铁马的铮铮史册里泼墨挥毫，书下巍峨一笔。

嘉峪关地处戈壁砾石之中，直面大漠、背倚雄山，素有"天下第一雄关"之称。关城始建于明洪武五年（1372年），距今已有六百多年历史。"严关百尺界天西，万里征人驻马蹄。"漫步于关城，你仿佛可以看见悠长史册里戍边将士们风侵雪染的面容，历史的脉动突突有声。斯文·赫定曾在《丝绸之路》中这样记述20世纪初嘉峪关的样子："登上城墙，周围是很独特的建筑：新旧城门、城楼、角楼、拱形的马道、城门之间为戍边部队而筑的精致小院，站在城墙上，老城镇的壮观景象一览无遗，现代的土方和大街小巷就在我们脚下，像马赛克一样镶嵌在别致的四方围院之中。"在这庞大而雄奇的建筑组群里，空间以一种几近于超现实的姿态穿插在高耸的城楼之间，粗犷而豪气的尺度极其容易给人一种恍若隔世的错觉，行走其间，人们仿佛是以一种极为渺小而恭谨的姿态溯洄于历史长河中。黄土夯筑的城台湮没在的斑驳的光影与黄沙里，沧桑的质感和辽远的气质奏响了历史的悲鸣。嘉峪关给人的印象，是有声的。

当我们有幸进入关楼内部近距离观赏时，这所素来以其粗犷豪迈的气质震慑于人的古建筑又给了我们别样的惊喜。雕梁绣户、飞檐反宇、高堂广厦、画栋朱帘，鲜艳的彩画、生动的雕花、镂空的窗棂、精致的砖瓦……像是一具高大却稀疏的骸骨上依附着鲜活而有力的血肉，赋予这座悠远而寂寥的古城以勃勃生机，又像是一幅空阔辽远的泼墨山水画到最后一笔时笔端突然涌上来的碳墨颗粒，将整个画面染得隽永而精致。嘉峪关印象，是在巨大的苍茫与旷远里依然坚守着的匠人的谨慎与哲思。

"夺得胭脂颜色淡，唱残杨柳鬓毛斑"。寂寂荒草、皑皑雪山，这座寂寥的城池以一种质朴而旷远的姿态，轻而易举地唤起了人们内心深处对历史与文脉的虔诚与谦卑。嘉峪关在我脑海中最后的影像，便是它在岁月经久的打磨与冶铸之下，依然沧桑却热烈地生长。

一路西行话雄关

卢见光

对于一个自幼生长在河西走廊以东的人来说，坐在开往嘉峪关市的列车上，便能隐约看见嘉峪关的身影了。

从南面车窗向外望去，绵延不绝的祁连山脉横亘眼前，厚实的雪层嵌在顶部，描出一道皓白的天际线。再向北看去，地平线上的山丘起伏错落，与窗前飞掠过的胡杨相映成趣。这南面的祁连山脉与北面众多山丘平行并立于中国西北，共同构成了"河西走廊"。有"天下第一雄关"之称的嘉峪关，就位于河西走廊的咽喉之处。置身于嘉峪关东闸门前，可以望见西北有一砂山，从北方诸山之中冲将出来，一直顶到关城北侧不远处，这便是嘉峪山了。从嘉峪山南麓至祁连山脉北侧，直线距离不过十多公里。遥想六百多年前，明将冯胜平定河西，于此地筑起土城，用十余公里的防御面，守住河西千里之地，真是何等的深谋远虑！所谓"一夫当关，万夫莫开"，大概就是指此处。

出了嘉峪关，到了古哈密国，那里的人大多信奉伊斯兰教。嘉峪关及其周边的长城，在发挥军事政治作用的同时，似乎也成了文化与宗教的分水岭。

古时，以东闸门为始，从东到西并列着马王庙、老君庙、鲁班庙、财神庙、相子庙、护国寺等庙宇。各路"神仙"沿街"摆摊"，煞是有趣。进了朝宗门，便进了瓮城。"瓮"这个比喻再恰当不过了：极其狭小的空间，四周围起高大的城墙，只有两个门可供出入。"所由入者隘，所从归者迂，彼寡可以击吾之众者，为围地。"嘉峪关设计建设过程中的军事智慧，由此可见一斑。

一个细节颇值得玩味，那就是罗城门前高起的土坡。从军事需要来看，若最初建设罗城时土坡就存在，岂不是为敌军提供了天然的高地来攻城？想来这土坡是后来形成的。那么是人工的还是自然的呢？若是人工，守关者必不会为敌军提供攻城条件；若是其他人，似乎力量不足又没有必要。看来是自然所致吧：一年又一年的西风将荒漠上的沙土带到关前，日积月累形成了坡地。但嘉峪关没有像楼兰古城一样湮没在荒野，反而坚定地矗立了几百年。

这么说来，嘉峪关不仅见证了民族之间的冲突与融合、宗教和文化的碰撞与交流，也见证了人类与自然之间的斗争。六百多年过去了，嘉峪关应该还会静静地矗立在大西北，见证未来更多的故事。

嘉峪关初始

杨楷文

今年夏天在嘉峪关的测绘工作，可以算是认识了这个长城的起点。之前对于长城的起点嘉峪关我有着自己的想象。到了现场之后，对真正的嘉峪关和想象中的嘉峪关做了比较，有些"误解"便顷刻间烟消云散。

首先是嘉峪关所处的位置。对于关口这种"一夫当关，万夫莫开"的位置，我一直有着略极端的认识，觉得关口应该坐落于山谷或者是两山的夹缝处，处于进入中原地区的必经之路上，仰仗着两边险峻的地势，控制人流大规模的进出，发挥着拒敌寇于家园外的作用。真正的嘉峪关作为明长城最西边东西向长城的第一个关口以及交通节点，南倚常年积雪的祁连山，北靠险峻的黑山，确实是位于两山夹缝中，但却没有极端到横跨两山之间。

然后是尺度。嘉峪关长城并没有像八达岭长城那样使用砖砌，而是采用更加便捷省事的夯土墙，从南绵延至北，经历岁月冲刷而不倒。一人高的城墙仅仅起御敌的作用，并不能提供从上向下的视野或起通道的作用。它是划定中原势力范围的界限，是皇室力量的象征。

关城始于东闸门，向内步行几分钟，即为文昌阁，因面对戏台，二层有着良好的视野，而成为文人墨客吟诗作对、欣赏戏曲的地方。穿过文昌阁，戏台和关帝庙相对坐落于城墙前，关帝庙与戏台相对，追求普天同庆，人神共乐，体现了老百姓对美好生活的期望。再向前想进入内城，便需穿过很多个门洞，这些门洞将城内单一的流线变得复杂，这在过去是一种御敌的手段，现在依旧会让游客们迷惑如何进关。位于这条流线起始端的瓮城是一个特别有趣的存在，它的两个城门分别开在矩形平面两条相邻的边上，是流线和视线发生转变的第一个节点。进入瓮城的第一个城洞，背后是开阔的砂石滩，眼前是四面围合的小空间，尺度上的突然转变以及空间压迫让人想要尽快通过。瓮城这种长宽明显小于高的空间具有强烈的向上的指向性，加之城墙上来来往往的人影和从上面投下来的视线，内心的不舒适感会变得更加强烈。瓮城有意无意间营造出来的这种压抑感更加凸显了它存在的价值。穿过瓮城的第二个门洞，就进入了内城。城墙上的三座阁楼确定了整个建筑群的中轴线，建筑群围绕中轴线向两边对称排布，呈现出一种秩序的美。

嘉峪关不光是皇权的象征，也是古代劳动人民坚韧精神的体现。那个无常的年代虽然已经过去，但被岁月几经雕刻的嘉峪关留存了下来，它矗立着，在茫茫戈壁滩上，诉说着，那段历史存在过。

戏·史·文

杨扬

戏台,顾名思义,是古代戏曲演员表演的地方,有点像现代人眼里的剧院。相比于关城里将士官兵驻守盯梢的那些楼,戏台可谓微不足道了。然而,通过测绘,戏台的建筑特色以及背后的历史文化背景却远非我刚开始想象地那般简单,甚至可以说恰恰相反,戏台在整个河西地区建筑里都有着举足轻重的地位。

戏台位于嘉峪关入口南侧,与关帝庙相对,旁边是文昌阁,可谓文武兼收,丝毫不逊气色。每一个循道而来的游人都必然要经过戏台,像是嘉峪关的一个花盖头似的,为这座森严冷酷的关城添了一丝丝文柔之气。

历史上,戏台曾是嘉峪关军民信息沟通的媒介,不论是征战多年后凯旋而归的将士,还是远道而来的平民百姓,亦或当朝官宦的变迁,都尽数表达在伶人的眉目言语里了,故而有了名垂千古的楹联"离合悲欢演往事,愚贤忠佞任当场"。时至今日,戏台仍旧延续着它的本职功能,每日固定时间段都会有专业的戏剧工作者在这里表演秦腔。测绘十数日,我耳濡目染着,居然也能听懂几分秦腔了。

关于建筑,单看戏台檐下斗栱的繁复程度就知道,这栋建筑可谓是极尽"雕梁画栋"式的美感,虽然养眼,可是累坏了测绘的人。除此之外,戏台还有一个特色无出其右,那就是结角处的挑金做法。看上去简单的结构,却蕴含着完美的杠杆原理,以抹角梁为支撑,从角点处挑出老角梁,同时饰以交金垂柱,稳固而又不失美感。只是,随着岁月的风化加之整修时工匠做工的参差,梁架结构的交接处以及相对位置等处多有不协调、不一致、不严整的地方。从美学上来讲,这种不完整反而增添了几分历史的沧桑感。

远观戏台,高约两米的台基也是个让人不明就里的设计特色。这么高的台基戏子如何上下呢?惊讶的是,戏台没有后台,也没有其他入口,所以,上下戏台的方式设定似乎就变成了古人有意之为。原来,由于戏子在古代的身份地位比较卑微,所以在古代的时候只能用草堆扎起来的野梯子上下,除此之外,没有其他任何办法可以上下戏台,当然了,轻功另当别论。但是,单从这一点来看,就让人十分心疼古时的伶人。

戏台不仅是一本鲜活的河西特色建筑教科书,更是凝结古今文化交流的重要媒介。测绘这些天,为了避开戏台的工作时间,工作组的小伙伴们日日起早贪黑,间歇时就在后台小憩一会儿,让队友捎饭似乎也成为了一种工作日常。这样充实的经历,这样难忘的回忆,非戏台所不能给。

第二节　嘉峪关关城门洞拱券简述及券型分析

李梦思

嘉峪关关城现存共六座城门，自西向东分别为罗城嘉峪关门、西瓮城会极门、内城西门柔远门、内城东门光化门、东瓮城朝宗门及外城东闸门。东闸门门洞为过木成造的平顶门洞，其他五个门洞均为拱券式门洞。本文将简单梳理五个拱券式门洞的历史沿革，简述城门现状，并对门洞拱券的券型进行分析。

1.历史沿革

嘉峪关内城城墙始建于明洪武五年（1372年），《重修肃州新志》[1]记："宋元以前有关无城。明初宋国公冯胜略定河西，截敦煌以西悉弃之，以此关为限，遂为西北极边。筑以土城，周围二百二十丈，高二丈余，阔厚丈余。址倚冈坡，不能凿池。东西两门各有月城。"[2]嘉峪关关城初建时为高约6米的土墙，内城东西两门外筑有瓮城，推测内城东西二门及瓮城门应与内城于同一时间建造。

据《重修肃州新志》记载，嘉峪关"先年止有关城，无楼"[1]。弘治八年（1495年），兵备道李瑞澄主持修建嘉峪关楼。《敦煌杂钞》："弘治七年，以土鲁番叛，闭关绝西域贡。弘治八年，巡抚许进出关，入哈密，土鲁番遁去。兵备道李端澄构大楼以壮观，望之四达。"[3]又《重修肃州新志》记："嘉峪关楼，在关城西门上，副使李端澄建。"[1]嘉峪关楼建于内城西侧城墙外罗城之上，推测罗城及位于罗城城墙正中的嘉峪关门应与关楼一同建造。

正德元年（1506年）八月，兵备副使李端澄建内城东西二楼，即光化楼、柔远楼，并于次年二月落成。现存酒泉县博物馆的《嘉峪关碣记》碑文记载了东西二楼的修建详情："正德改元，丙寅秋八月，钦差整饬肃州等处。兵备副宪李公端澄，遵成命起盖关东西二楼暨官厅、夷厂、仓库，推委镇董工，今年丁卯春二月落成。"[4]该碑文中并未记载有关光化门及柔远门的改建情况。此后明代的嘉峪关修缮文献中，未见关于城门洞改建的相关记载。

清代初期嘉峪关城时有修葺，但未见城门洞的改建记录。乾隆年间，曾重修嘉峪关，此次修缮对嘉峪关城内五个城门洞的形制有较大改动，修缮内容在档案中有详细记载。

据台北故宫博物院所藏档案，乾隆五十四年（1789年）六月十九日《奏为查勘嘉峪关边墙情形奏闻请旨事》记："今于闰五月十八日同抵嘉峪关，详加阅看。……今查得原设关楼仅止一间，局面甚为狭小，且现在木植糟朽，城台券洞闪裂。今拟量为加高展宽，以资壮丽。"[5]工部侍郎德成及陕甘总督勒保对嘉峪关城进行初步勘察后，发现了关城城台券洞闪裂的情况。在另一份台北故宫博物馆所藏档案，乾隆五十四年八月七日《奏为估修嘉峪关城台楼座工程银数事》中，上述二人根据现场勘查结果，对城门洞改建的具体内容提出了方案："关门券台旧式矮小，另行改建。城堡东西正门前面发券后面过木成造。其月城门二座系全用过木成造，不惟不适观瞻且难经久，亦应普律改发砖券。……券洞内铺海墁石一层，两傍安埋头石一层、围屏石三层，上砌条砖，发五伏五券。"[6]

另在中国第一历史档案馆所藏档案，乾隆五十六年（1791年）十一月十五日《奏为查验嘉峪关工程情形》记录了查验此次修缮工程的结果："题报兴修。自五十五年四月开工以来，……逐一查验所有改建之关城正楼、东西城门楼、并关门券台、城堡正门、西月城马道，及补修之城顶海墁、砖包墙垣、粘补庙宇等工，均已修理完竣。……此外尚有应修之文昌阁东稍门楼并东月城券台，现未完工，因边地早寒，难施工作，约俟来岁春融即可一律完竣。"[7]从档案记录中可以看到，依照方案对五个城门洞券均进行了修建。

此次修缮工程于乾隆五十七年（1792年）完成，对五个城门洞进行了如下改动：增大了关门的券基，将光化门及柔远门由前面发券后面过木成造改为发砖券，朝宗门及会极门由过木成造改为发砖券。

乾隆五十七年改建后的门洞券，与嘉峪关现存五个门洞券的形制相符。此次重修后，暂未见文献记载嘉峪关城内五座城门的修缮或改建情况。

2.门洞现状

（1）嘉峪关关门

嘉峪关关门为整个嘉峪关关城正门，位于嘉峪关罗城城墙正中。现存嘉峪关关门门洞为乾隆年间改建而成，其基础和过道用石条砌铺，为砖砌拱券式。

嘉峪关门门洞总长25473毫米，西侧罩门券宽3602毫米，总高4081毫米，拱券矢高1983毫米，为五伏五券；东侧门洞券宽4282毫米，总高6389毫米，拱券矢高2266毫米，为五伏五券。

嘉峪关门东侧门洞券　　　　　　　　　嘉峪关门西侧罩门券

（2）柔远门

柔远门为嘉峪关内城西门，位于嘉峪关内城西侧城墙正中，门外接西瓮城。柔远门门洞早期形制为前面发券、后面过木成造。现存门洞为乾隆年间改建而成，其基础和过道用长方形石条砌筑，为砖砌拱券式。

柔远门门洞总长27413毫米，西侧罩门券宽3590毫米，总高4099毫米，拱券矢高1912毫米，为五伏五券；东侧门洞券宽4160毫米，总高6470毫米，拱券矢高2225毫米，为五伏五券。

柔远门西侧罩门券　　　　　　　　　　柔远门东侧门洞券

（3）光化门

光化门为嘉峪关内城东门，位于嘉峪关内城西侧城墙正中，门外接东瓮城。光化门门洞早期形制为前面发券、后面过木成造。现存门洞为乾隆年间改建而成，基础及过道用长方形石条砌筑，为砖砌拱券式。

光化门门洞总长22826毫米，东侧罩门券宽3560毫米，总高4186毫米，拱券矢高1933毫米，为五伏五券；西侧门洞券宽4118毫米，总高6394毫米，拱券矢高2265毫米，为五伏五券。

光化门东侧罩门券

光化门西侧门洞券

（4）会极门

会极门为嘉峪关西瓮城城门，位于嘉峪关西瓮城南侧城墙正中。会极门门洞形制最早为过木成造，现存门洞为乾隆五十五年（1790年）改建而成，门洞基础和过道均用石条砌铺，为砖砌拱券式。

会极门南侧罩门券宽3222毫米，总高3761毫米，拱券矢高1689毫米，为五伏五券；北侧门洞券宽3836毫米，总高5685毫米，拱券矢高2108毫米，为五伏五券。

会极门南侧罩门券

会极门北侧门洞券

（5）朝宗门

朝宗门为嘉峪关东瓮城城门，位于嘉峪关东瓮城南侧城墙正中。朝宗门门洞形制最早为过木成造，现存门洞为乾隆五十五年改建而成，门洞基础和过道均用石条砌铺，为砖砌拱券式。

朝宗门南侧罩门券宽3234毫米，总高3739毫米，拱券矢高1705毫米，为五伏五券；北侧门洞券宽3908毫米，总高5809毫米，拱券矢高2051毫米，为五伏五券。

朝宗门南侧罩门券

朝宗门北侧门洞券

3.券型分析

通过实地测绘的数据，我们绘制了嘉峪关五个城门洞共十个拱券的券型曲线示意图。在清代北方官式建筑的拱券结构中，最为通用的券型曲线为双心圆曲线，笔者根据实测数据与清代官式建筑通用的双心圆拱券规律相比较，对拱券券型曲线进行分析。

（1）嘉峪关关门

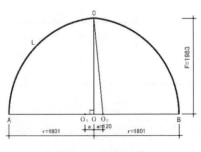
嘉峪关门西侧罩门券

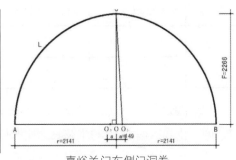
嘉峪关门东侧门洞券

从券型曲线看，嘉峪关关门两个门洞券拱顶略尖，其中罩门券较为明显，拱券高度大于券口面阔的1/2，两条曲线的圆心均未位于面阔中心点。

拱券位置	偏心距 a（毫米）	半弦长 r（毫米）	矢高 F（毫米）	F/r	F/r 约简	a/r
罩门券	191	1801	1983	1.101	1.1	0.106
门洞券	128	2141	2266	1.058	1.1	0.060

从表中数据可以看出，关门罩门券矢高 F 与拱券跨度1/2之比与常见规律1.1十分接近，偏心距 a 与半弦长之比即偏心率也接近标准值0.11；门洞券矢高 F 与半弦长 r 之比则小于1.1，但约简之后则为符合1.1的双心圆拱券规律，偏心率较标准0.11略小。

（2）柔远门

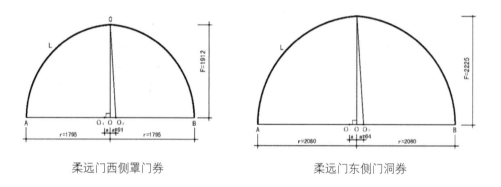

柔远门西侧罩门券   柔远门东侧门洞券

柔远门两个门洞券拱顶尖角不明显，拱券高度略大于券口面阔的1/2，两条曲线的圆心均偏移拱券面阔中心点。

拱券位置	偏心距 a（毫米）	半弦长 r（毫米）	矢高 F（毫米）	F/r	F/r 约简	a/r
罩门券	120	1795	1912	1.065	1.1	0.067
门洞券	149	2080	2225	1.070	1.1	0.072

从表中数据可以看出，柔远门门券矢高 F 与拱券跨度1/2之比约简后符合常见规律1.1，两个拱券的偏心距 a 与半弦长之比即偏心率略小于标准值0.11。

（3）光化门

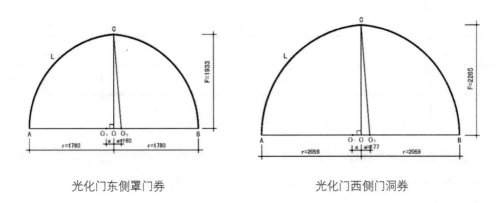

光化门东侧罩门券　　　　　　　　　　光化门西侧门洞券

光化门两个门洞券拱顶略尖，拱券高度大于券口面阔的1/2，两条曲线的圆心均偏移拱券面阔中心点，且与常见做法偏移半弦长1/10较为接近。

拱券位置	偏心距 a（毫米）	半弦长 r（毫米）	矢高 F（毫米）	F/r	F/r 约简	a/r
罩门券	160	1780	1933	1.086	1.1	0.090
门洞券	177	2059	2265	1.100	1.1	0.086

从表中数据可以看出，光化门罩门券矢高 F 与拱券跨度1/2之比十分接近常见规律1.1，而门洞券比值则与常见做法相同，两个拱券的偏心距 a 与半弦长之比即偏心率略小于标准值0.11。

（4）会极门

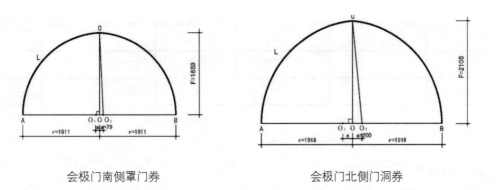

会极门南侧罩门券　　　　　　　　　　会极门北侧门洞券

会极门南侧罩门券拱顶尖角不明显，拱券高度略高于半弦长，且偏心距离较小，北侧门洞券拱顶明显呈尖角，拱券高度高于半弦长，偏心距离接近半弦长的1/10。

拱券位置	偏心距 a（毫米）	半弦长 r（毫米）	矢高 F（毫米）	F/r	F/r 约简	a/r
罩门券	79	1611	1689	1.048	1.1	0.049
门洞券	200	1918	2108	1.099	1.1	0.104

实测数据与拱券曲线相同，会极门罩门券矢高F与拱券跨度1/2之比约简后同常见规律1.1，偏心率则较小于常见值0.11；门洞券矢高F与半弦长r比值及偏心率则与常见做法接近。

（5）朝宗门

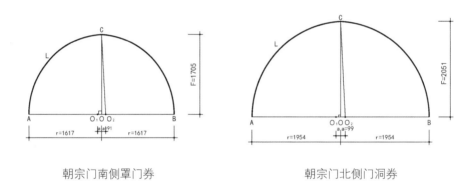

朝宗门南侧罩门券　　　　　　　　　朝宗门北侧门洞券

朝宗门两门券拱顶尖角形不明显，拱券高度略高于券口面阔一半的半弦长，偏心距离则略小于半弦长的1/10。

拱券位置	偏心距 a（毫米）	半弦长 r（毫米）	矢高 F（毫米）	F/r	F/r 约简	a/r
罩门券	91	1617	1705	1.054	1.1	0.056
门洞券	99	1954	2051	1.050	1.1	0.051

朝宗门两门洞券矢高F与拱券跨度1/2之比约简后符合常见规律1.1，偏心率略小于常见值0.11。

4　小结

嘉峪关城现存五个拱券形城门均为乾隆年间改建而成，10个门洞券均为五伏五券的砖砌式拱券。根据券门曲线的券型分析可知，10个门洞券均为双心圆曲线，根据实测数据，其拱券的矢高与半弦长之比约简后均符合清代北方官式建筑常见"定例"1.1。

注：本章图片除单独写明外，均为天津大学嘉峪关测绘组拍摄。

参考文献

[1] [清]黄文炜，著，吴生贵，王世雄，校注. 重修肃州新志校注[M]. 北京：中华书局，2007.

[2] 嘉峪关市史志办公室，校注. 肃州新志校注[M]. 北京：中华书局，2006.

[3] [清]常钧,辑. 敦煌杂钞[M]. 1937.

[4] 郑亚军. 丝绸之路金石丛书 嘉峪关金石校释[M]. 兰州：甘肃文化出版社，2015.

[5] 乾隆五十四年六月十九日《奏为查勘嘉峪关边墙情形奏闻请旨事》.台北故宫博物院清代宫中档及军机处档折件资料库.

[6] 乾隆五十四年八月七日《奏为估修嘉峪关城台楼座工程银数事具奏》.台北故宫博物院清代宫中档及军机处档折件资料库.

[7] 乾隆五十六年十一月十五日《奏为查验嘉峪关工程情形据实奏》.中国第一历史档案馆.

第五章
测绘成果编选

      长达一月之久的艰苦的测绘工作完成了,硕果累累。经过挑选,选择最具代表性的测稿、摄影、速写、CAD图四个方面的作品进行展示,全面立体地将嘉峪关关城呈现在世人眼前。

第一节　点云

　　科技手段逐渐被运用到现代建筑测绘中。三维激光扫描技术（点云）近年来常被用来辅助古建筑测绘，在某些难以到达的角度和地点，测绘人员可以运用点云作为辅助采集建筑图样、认识建筑空间，测量准确性也有显著提高。

　　点云对于大距离尺寸的把控相对手工测量来说更为方便、快捷、准确，但对于建筑细部等小尺寸测量误差较大。小尺寸测量还是要以手工测量的数据为准，点云只起到参考作用。

柔远楼东立面

嘉峪关柔远楼山墙立面

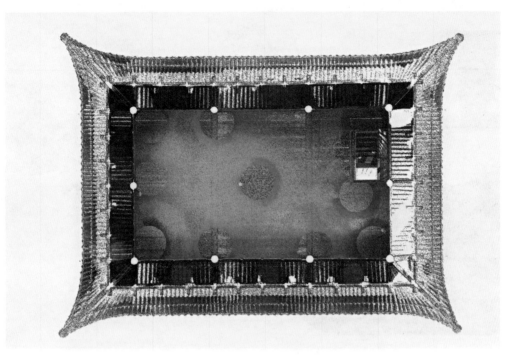

嘉峪关柔远楼二层平面

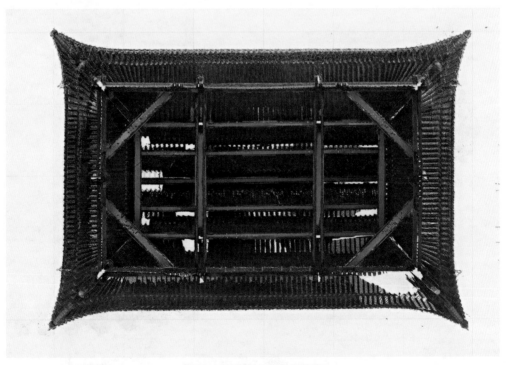

嘉峪关柔远楼三层屋架仰视

嘉峪关柔远楼一层檐横剖西侧戗脊

嘉峪关柔远楼三层檐东南侧屋檐

嘉峪关柔远楼一层檐西侧檐面俯视

嘉峪关柔远楼马道门影壁南立面

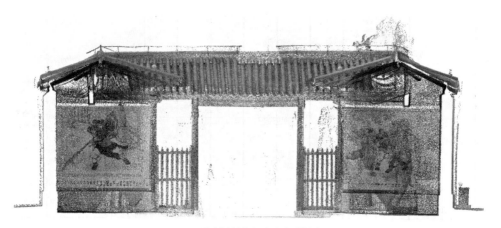

嘉峪关关帝庙山门纵剖

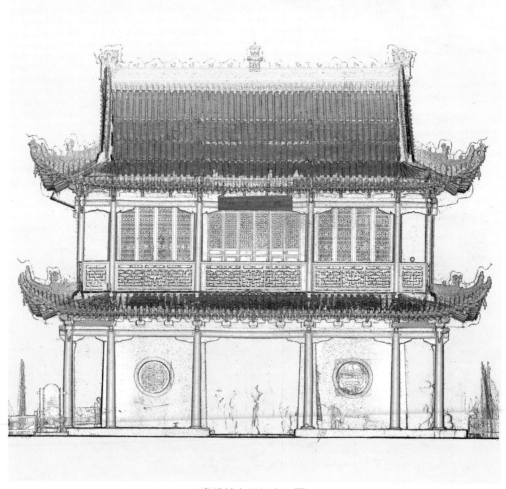

嘉峪关文昌阁东立面

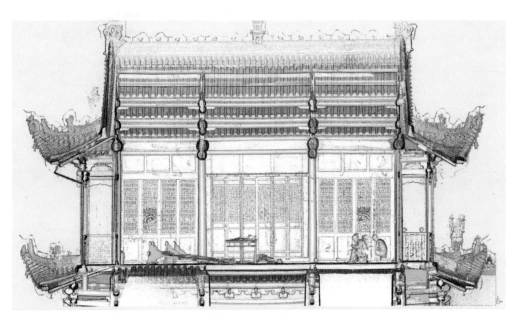

嘉峪关柔远楼一层檐横剖西侧戗脊

嘉峪关关城碑亭立面

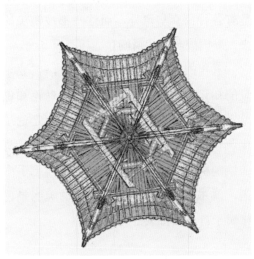

嘉峪关关城碑亭梁架仰视

注：本节所有点云图片均为天津大学嘉峪关测绘组扫描。

第二节　摄影及速写

　　摄影一词源于希腊语"光线""绘画、绘图"，两字一起的意思是"以光线绘图"。摄影与建筑有着密不可分的关系。测绘生活总是有各种惊喜与意外，而这些都被镜头捕捉下来，凝固成美好的瞬间。

　　五年的建筑学生涯并不简单，需要掌握大量的知识与技能，课堂上学习的理论知识在测绘实习中有了用武之地，而速写则是记录并转化所学知识的一种方式。在艰苦的测量与枯燥的绘制机图阶段，同学们也拿起自己手中的画笔，偶尔把视线投向目之所及的美丽景色，定格属于自己独特风格的画面。

关楼
（摄影：许智雷）

光（摄影：王一月）

影（摄影：许智雷）

霞光（摄影：王一月）

落日余晖（摄影：许智雷）

与时间赛跑（摄影：许智雷）

羽翼（摄影：王一月）

孤城万仞（摄影：王一月）

嘉峪關 關樓測稿

吻兽（作者：郭布昕）

戏台｜嘉峪关关城
JIANG YUENING 28TH OCT, 2018

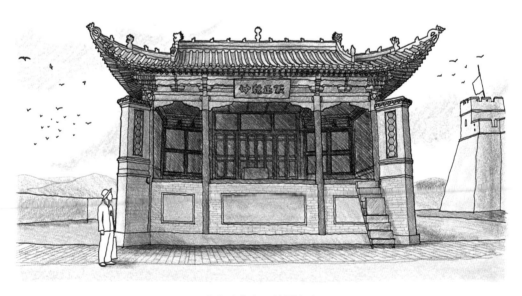

戏台（作者：姜悦宁）

旅途随笔（作者：姜悦宁）

注：本章所有图片除单独标注外，均为天津大学嘉峪关测绘组拍摄。

第三节　草图

　　勾画草图是同学们在现场认知、理解建筑空间，将三维实体转化为二维图纸的重要过程，通过现场观察、目测或步量，徒手勾出建筑的平面、立面、剖面和细部详图，清楚表达出建筑从整体到局部的形式、结构、构造节点、构件数量及大致比例关系。一般同学经过三至五遍的修改，就能绘出投影及比例关系相对准确的草图来作为测量标注尺寸的底图。测稿就是标注了尺寸的草图。

同学绘制测稿

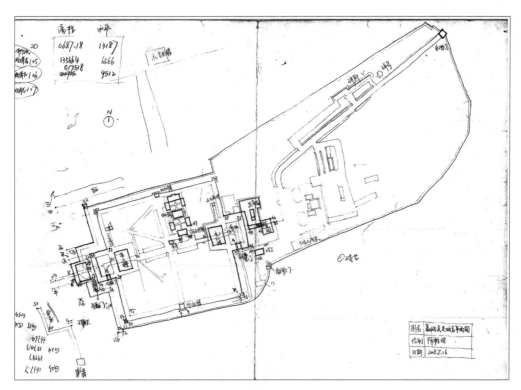

嘉峪关关城总平面图（绘图：陈雅琪）

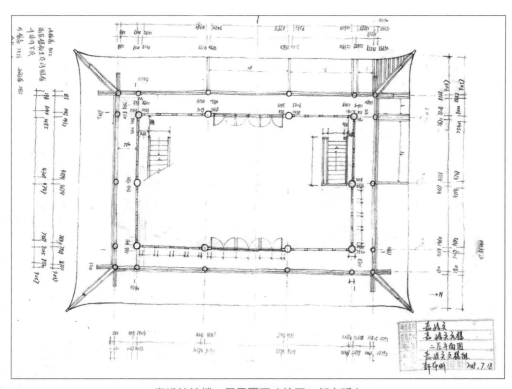

嘉峪关关楼二层平面图（绘图：郭布昕）

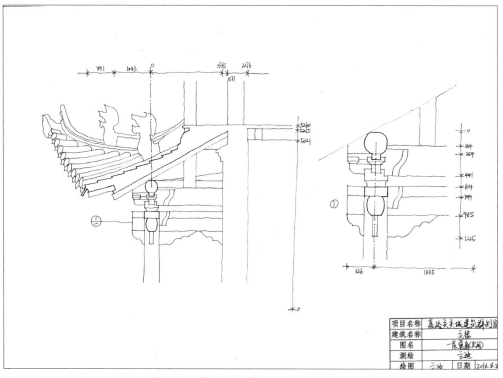

嘉峪关关楼一层翼角图（绘图：兰迪）

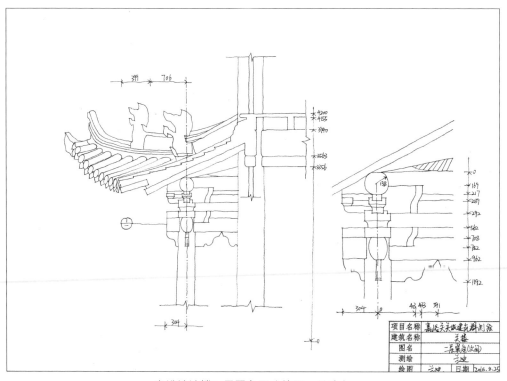

嘉峪关关楼二层翼角图（绘图：兰迪）

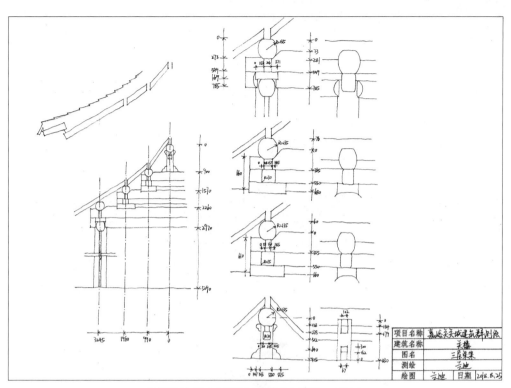

嘉峪关关楼三层梁架剖面图（绘图：兰迪）

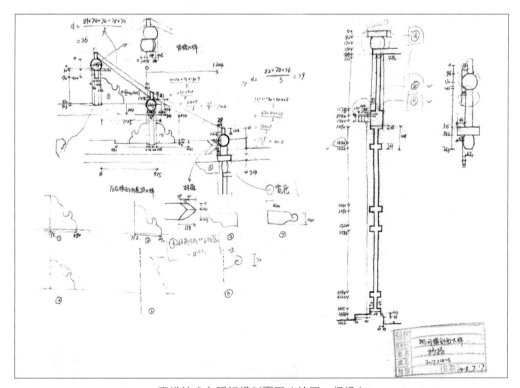

嘉峪关戏台明间横剖面图（绘图：杨扬）

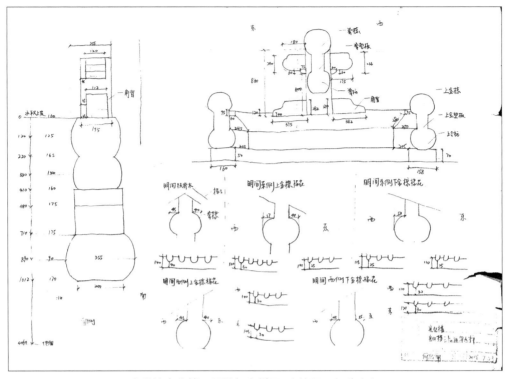

嘉峪关光化楼三层梁架大样图1（绘图：何欣南）

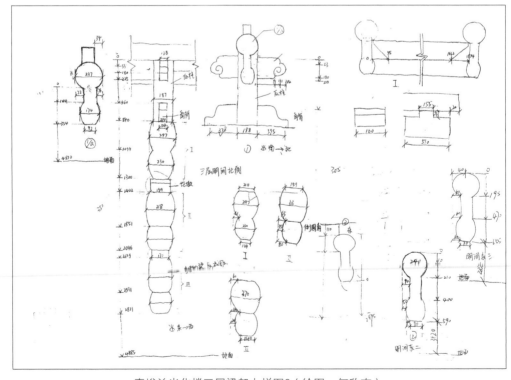

嘉峪关光化楼三层梁架大样图2（绘图：何欣南）

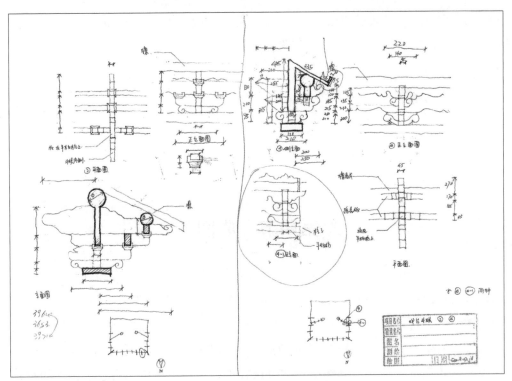

嘉峪关戏台斗栱大样图（绘图：姜悦宁）

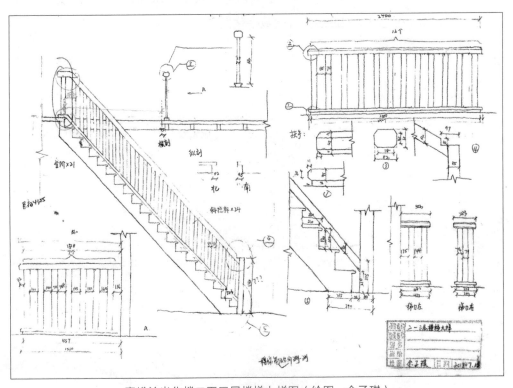

嘉峪关光化楼二至三层楼梯大样图（绘图：金子琪）

第四节　成图

随着笔记本电脑的普及，仪器草图的教学环节逐渐由尺规作图改为计算机制图，直接与最终的成图环节合并。同学们将测稿上的测量数据直接利用AutoCAD绘制成图，并且可以将三维扫描的点云导入进行虚拟测量，随时补充、校核相关数据，有效地缩短了现场工作时间，也为返校后内业绘图奠定了坚实的基础。相比传统手绘测绘图纸，计算机制图数据信息保存更完整；更适用于古建筑构件的重复性，减少单调重复的制图工作；其分层处理兼顾技术要求和艺术表现，适应性更强。本章展示的就是同学们最后完成的数字化图纸。

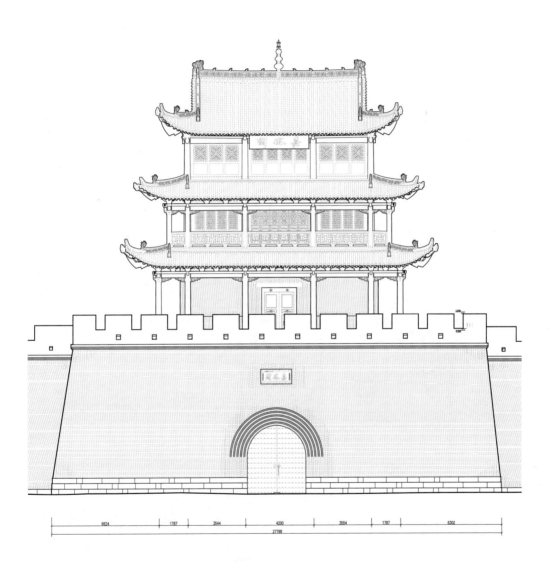

嘉峪关关楼西立面图（绘图：关楼组）

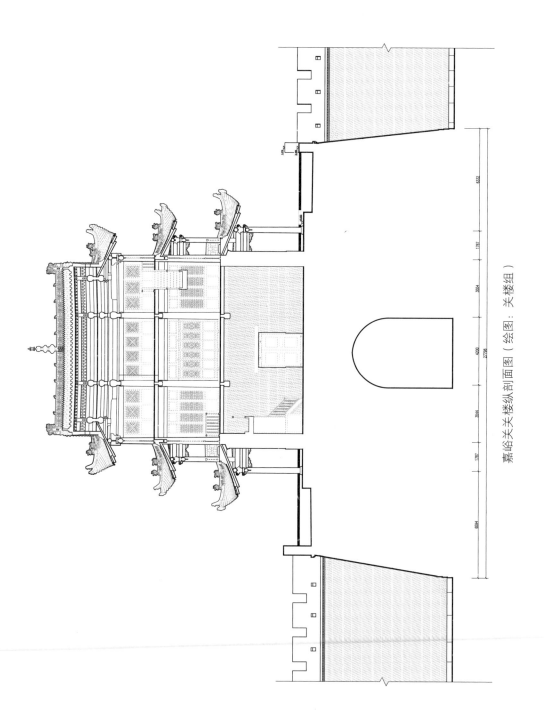

嘉峪关关楼纵剖面图（绘图：关楼组）

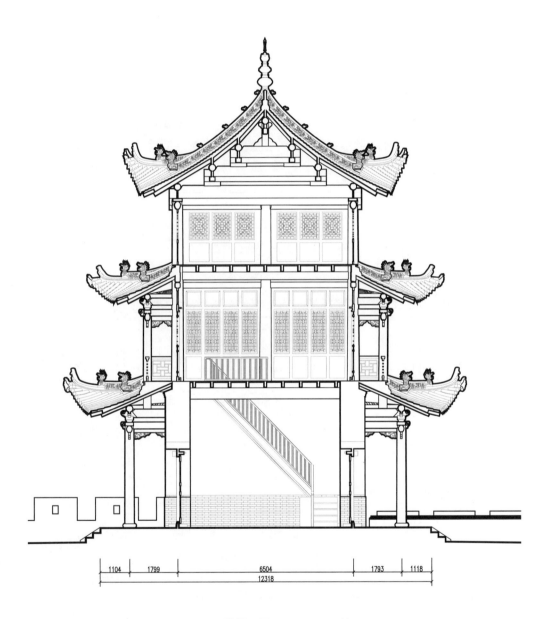

| 1104 | 1799 | 6504 | 1793 | 1118 |

12318

嘉峪关关楼横剖面图（绘图：关楼组）

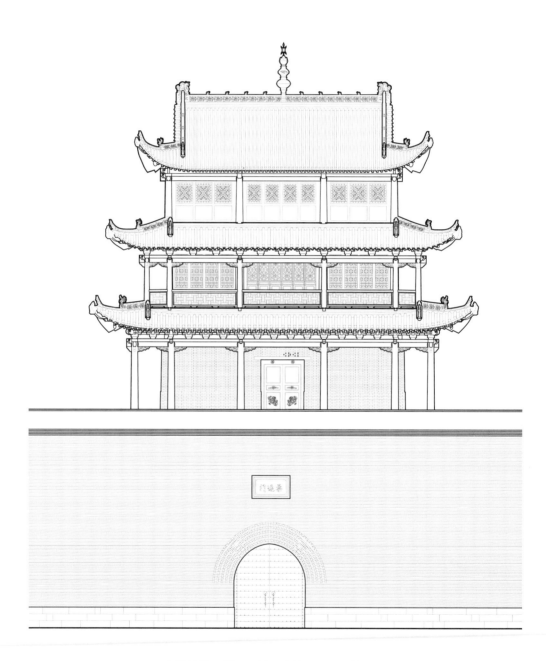

嘉峪关柔远楼西立面图（绘图：柔远楼组）

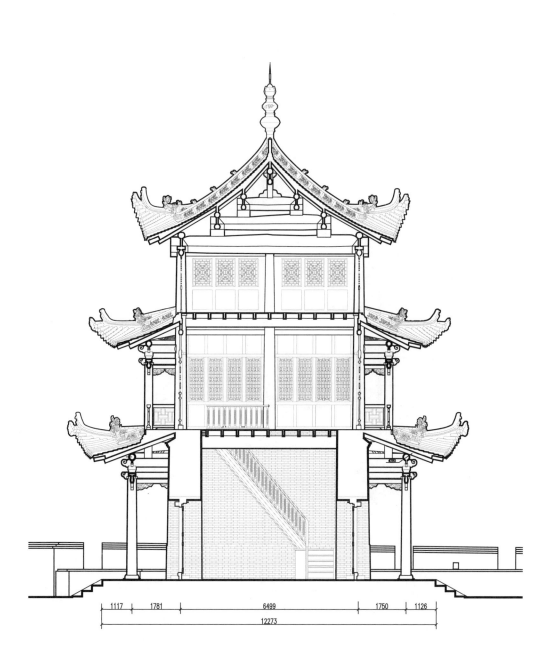

| 1117 | 1781 | 6499 | 1750 | 1126 |

12273

嘉峪关柔远楼横剖面图（绘图：柔远楼组）

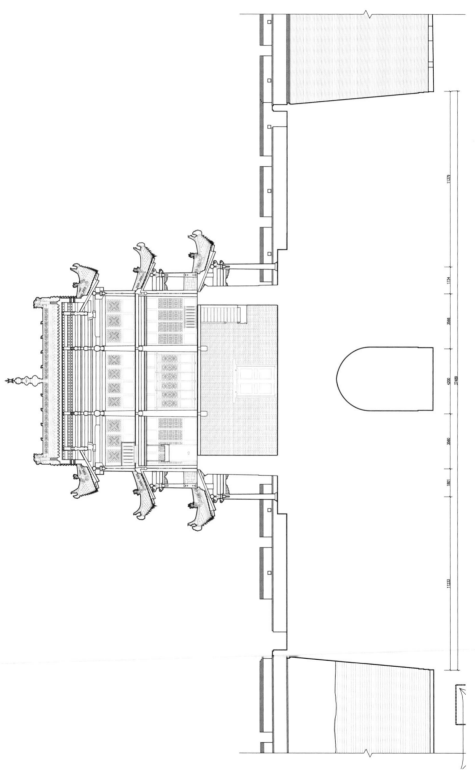

嘉峪关柔远楼纵剖面图（绘图：柔远楼组）

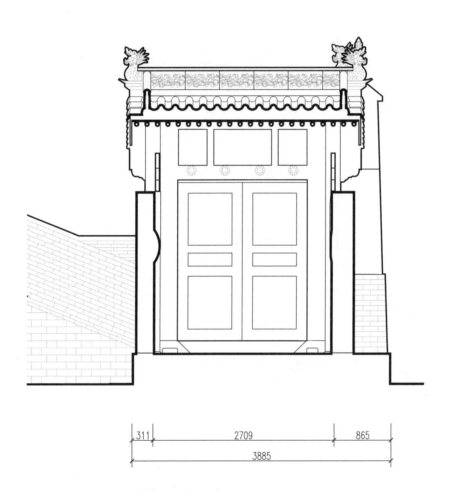

嘉峪关柔远楼马道牌楼门影壁剖面图（绘图：柔远楼组）

嘉峪关光化楼东立面图（绘图：光化楼组）

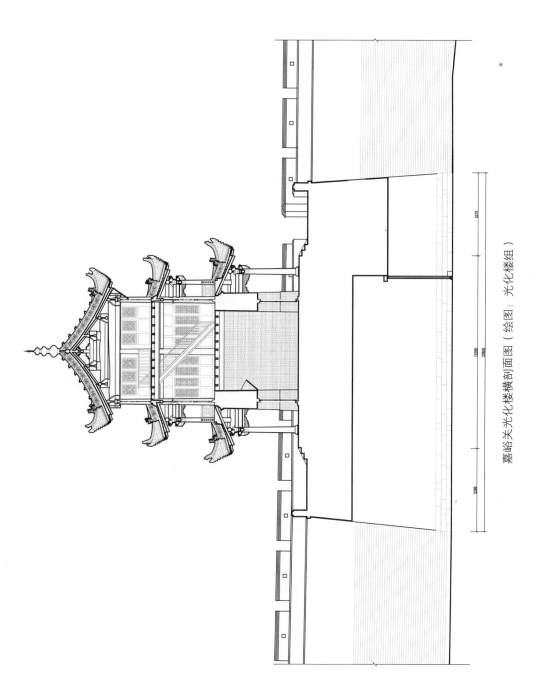

嘉峪关光化楼横剖面图（绘图：光化楼组）

嘉峪关文昌阁阁东立面图（绘图：文昌阁组）

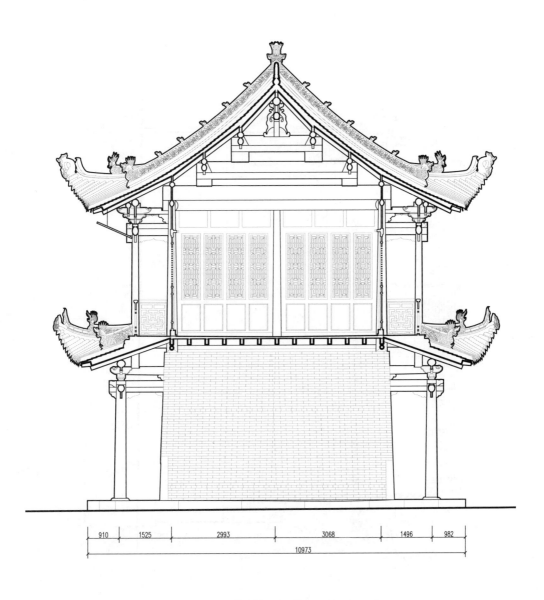

| 910 | 1525 | 2993 | 3068 | 1496 | 982 |

10973

嘉峪关文昌阁横剖面图（绘图：文昌阁组）

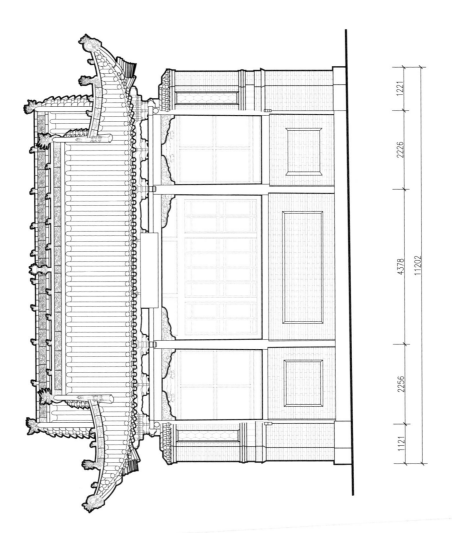

嘉峪关戏台北立面图（绘图：戏台组）

1221

2226

4378
11202

2256

1121

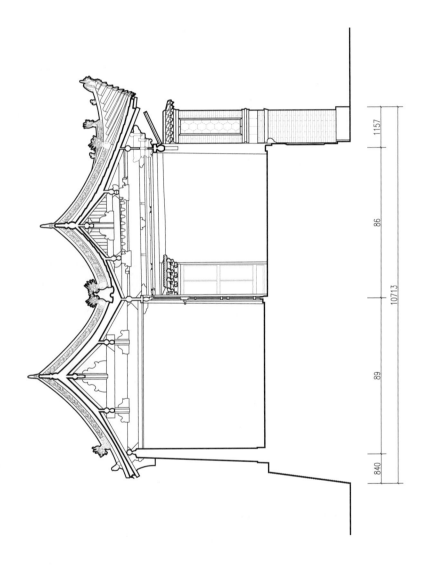

嘉峪关戏台横剖面图（绘图：戏台组）

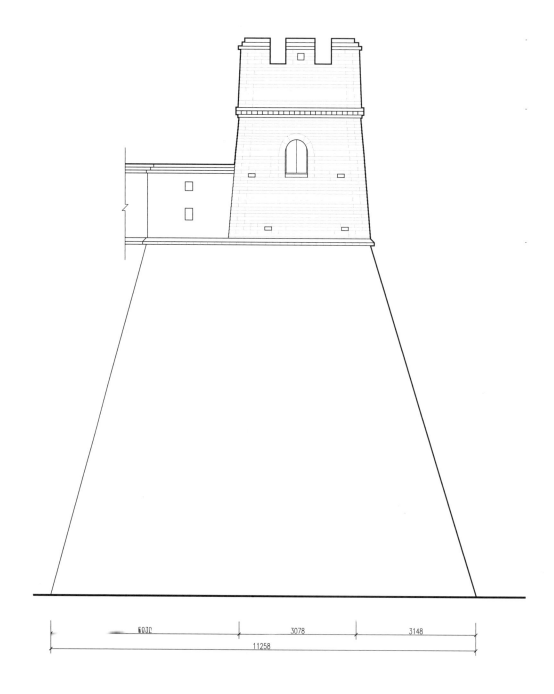

嘉峪关东北角楼东立面图（绘图：东北角楼组）

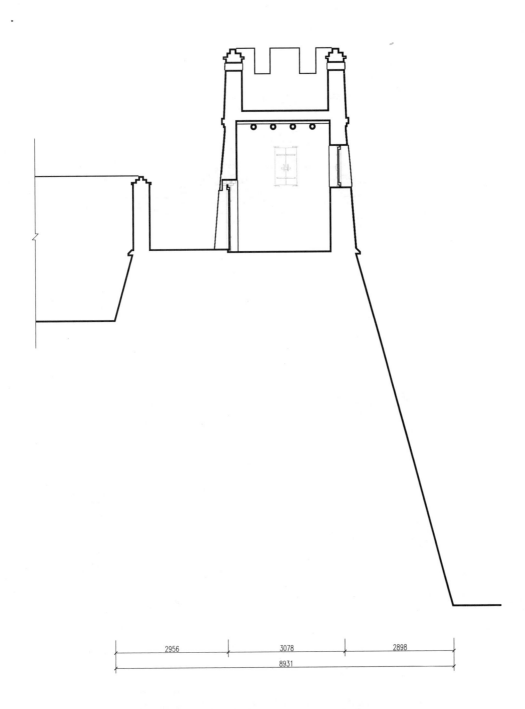

嘉峪关东北角楼剖面图（绘图：东北角楼组）

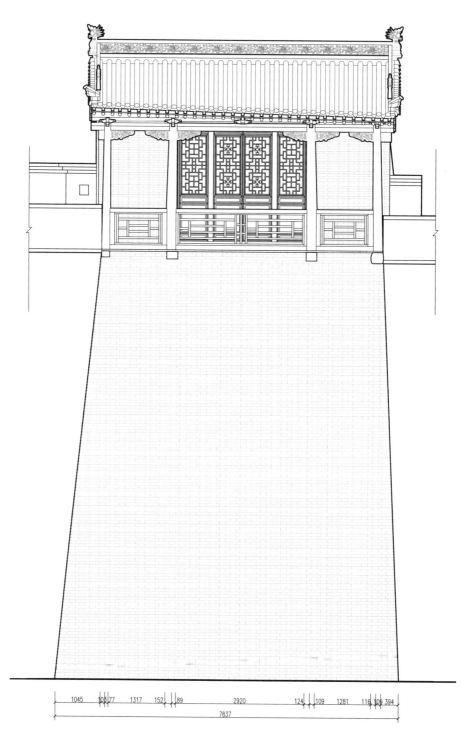

1045	105	77	1317	152	89	2920	124	109	1281	116	109	394

7837

嘉峪关北敌楼南立面图（绘图：北敌楼组）

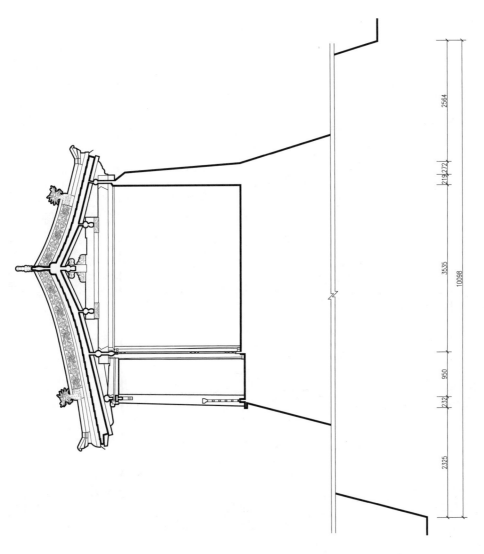

嘉峪关北敌楼横剖面图（绘图：北敌楼组）

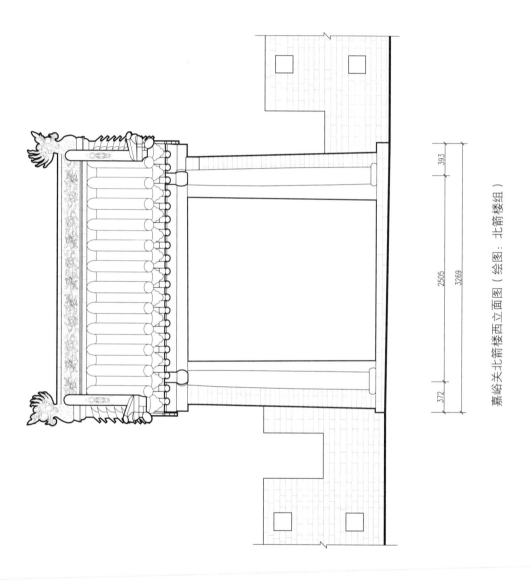

嘉峪关北箭楼西立面图（绘图：北箭楼组）

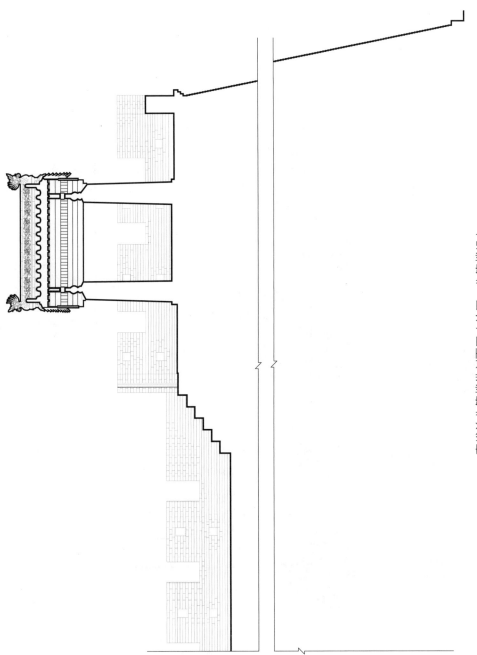

嘉峪关北箭楼纵剖面图（绘图：北箭楼组）

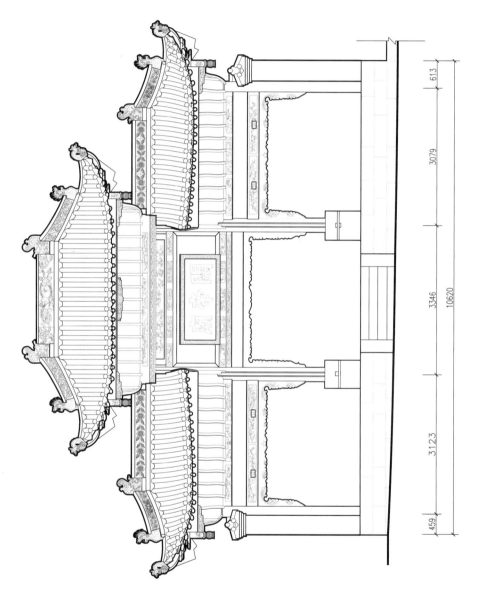

嘉峪关关帝庙庙前牌坊南立面图（绘图：关帝庙组）

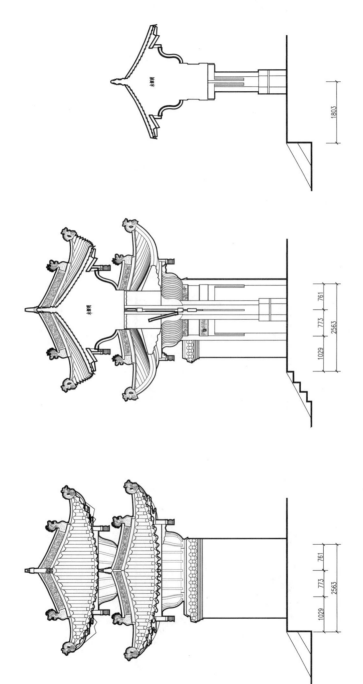

嘉峪关关帝庙牌坊东立面图、明间剖面图、次间剖面图（绘图：关帝庙组）

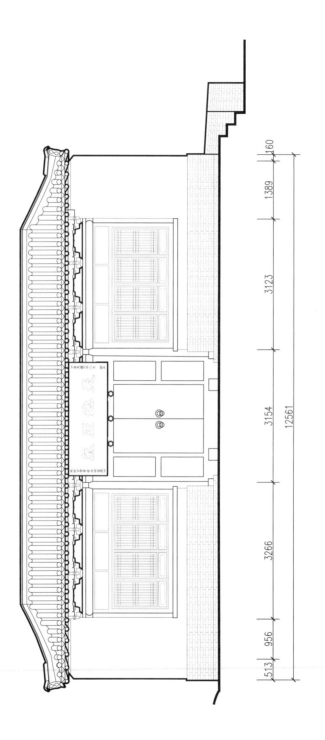

嘉峪关关帝庙正殿南立面图（绘图：关帝庙组）

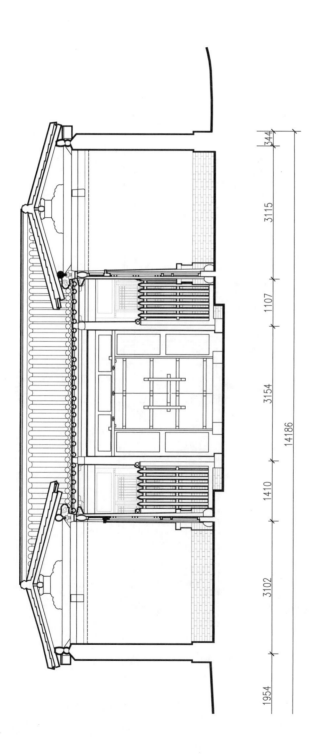

嘉峪关关帝庙正殿北立面图（绘图：关帝庙组）

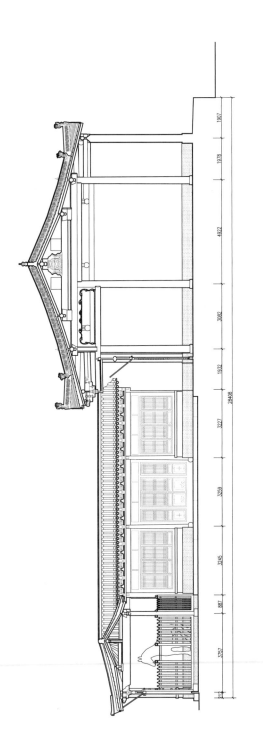

嘉峪关关帝庙横剖面图（绘图：关帝庙组）

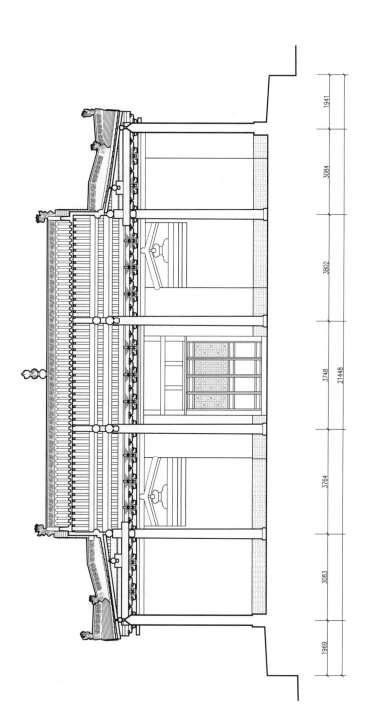

嘉峪关关帝庙纵剖面图（绘图：关帝庙组）

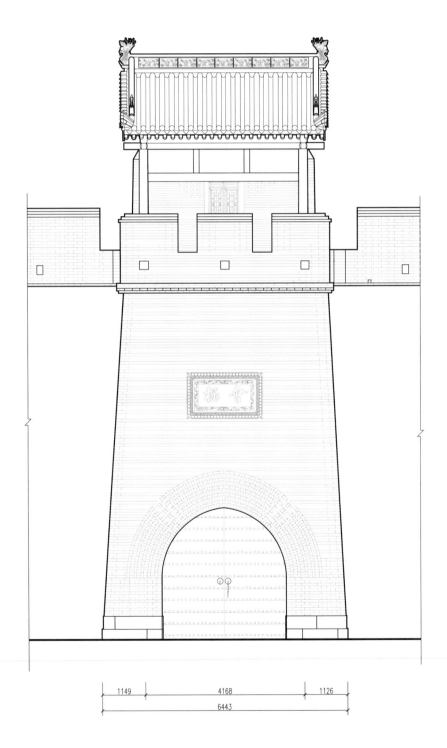

嘉峪关关城会极门南立面图（绘图：瓮城城楼组）

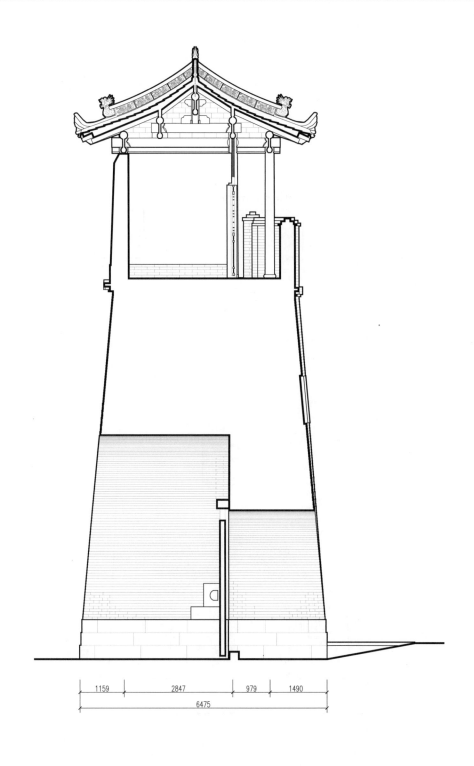

1159	2847	979	1490

6475

嘉峪关关城会极门横剖面图（绘图：瓮城城楼组）

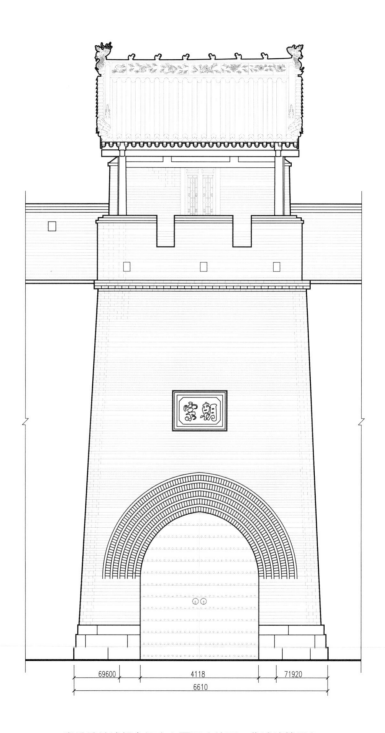

69600	4118	71920
	6610	

嘉峪关关城朝宗门南立面图（绘图：瓮城城楼组）

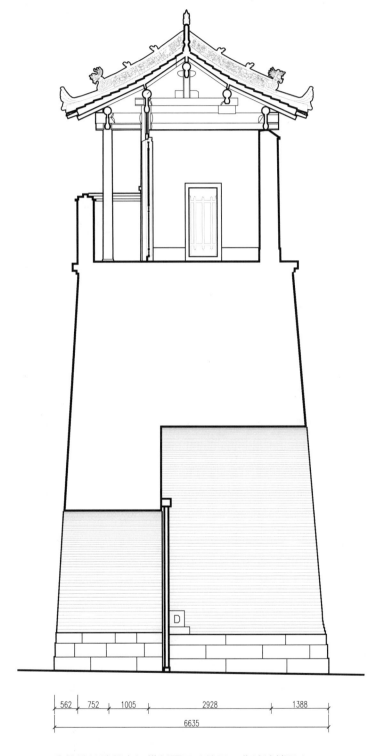

562 752 1005 2928 1388

6635

嘉峪关关城朝宗门横剖面图（绘图：瓮城城楼组）

嘉峪关东闸门东立面图（绘图：东闸门组）

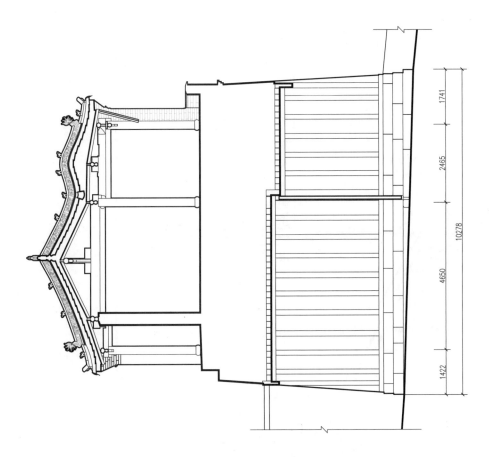

嘉峪关东闸门横剖面图（绘图：东闸门组）

嘉峪关关游击将军府山门横剖面图（绘图：将军府组）

嘉峪关游击将军府山门纵剖面图（绘图：将军府组）

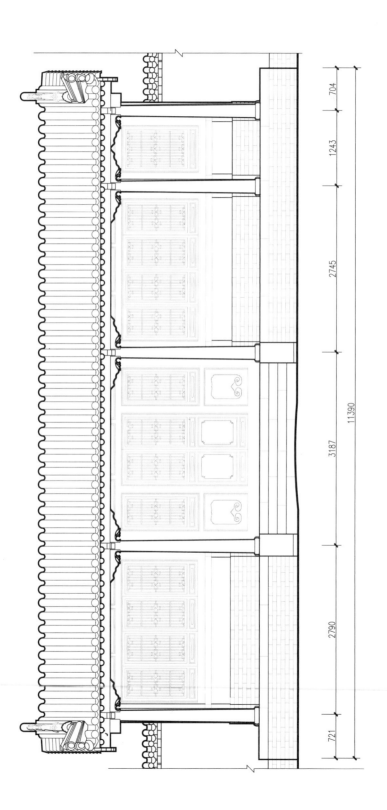

嘉峪关游击将军府东厢房西立面图（绘图：将军府组）

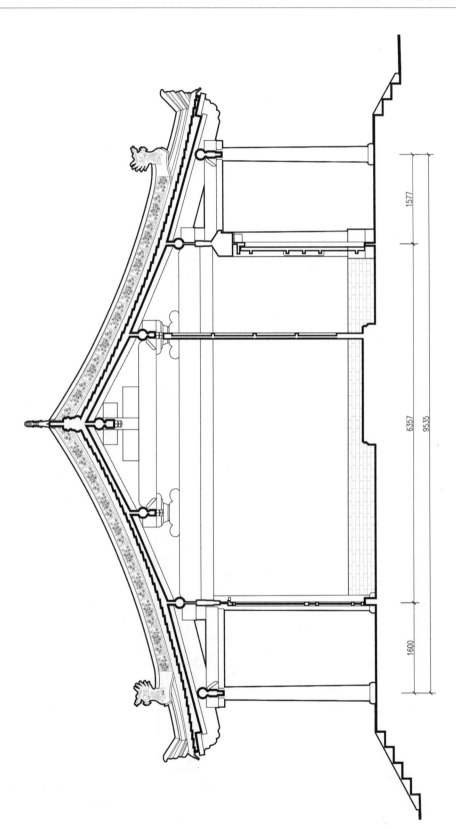

嘉峪关游击将军府东厢房横剖面图（绘图：将军府组）

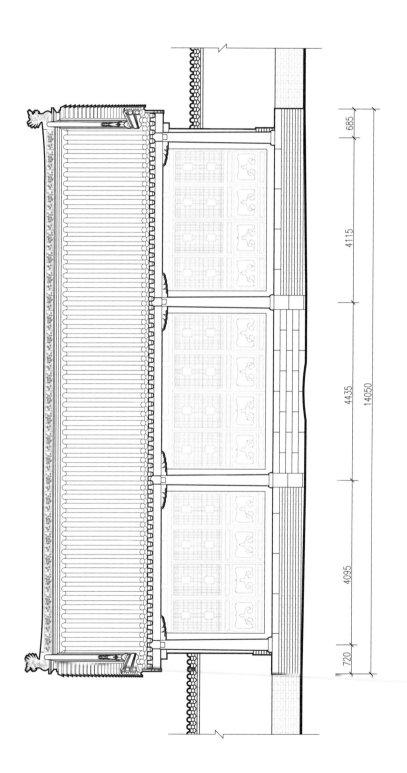

嘉峪关游击将军府议事厅南立面图（绘图：将军府组）

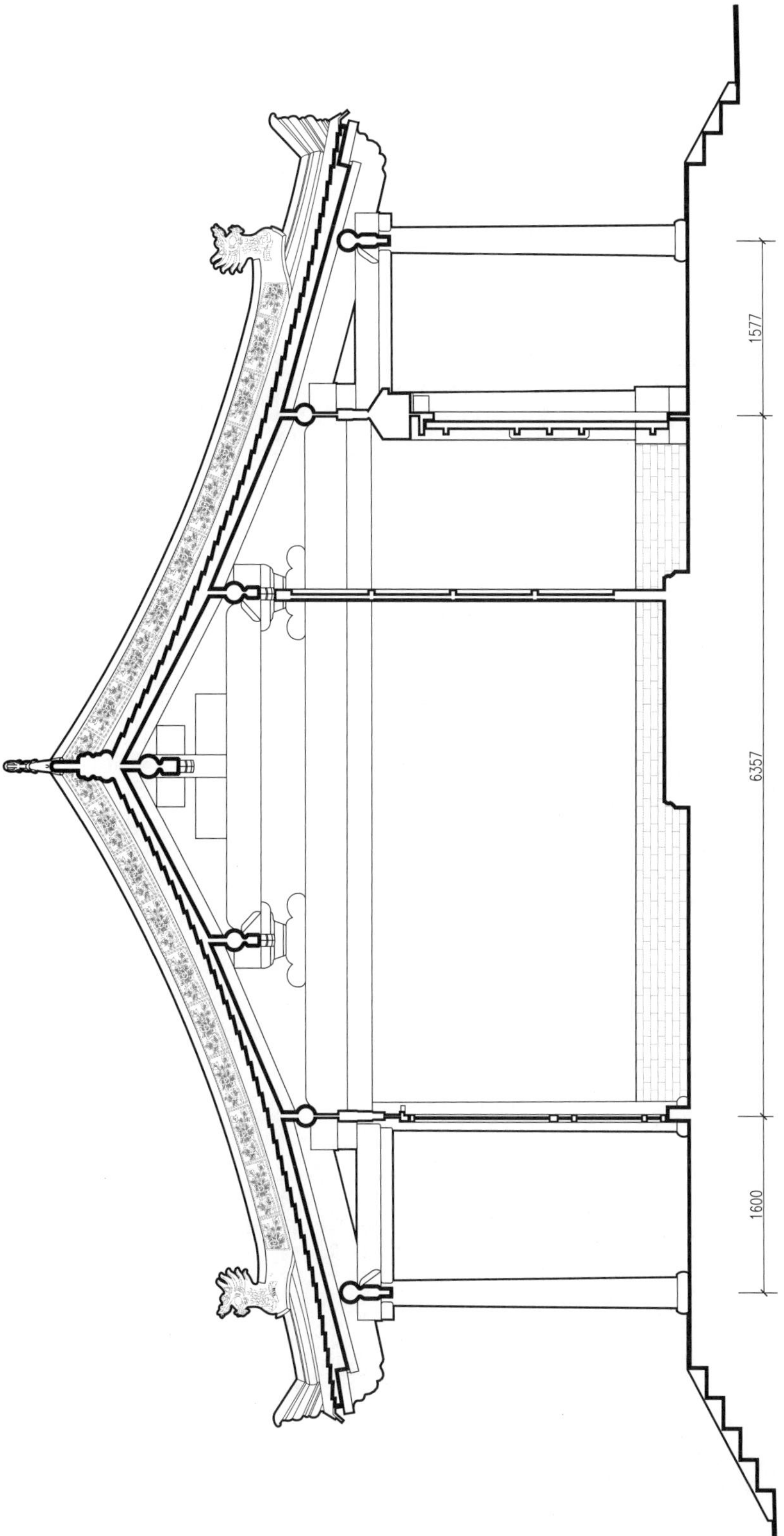

嘉峪关夫游击将军府议事厅府横剖面图（绘图：将军府组）

1577

6357

1600

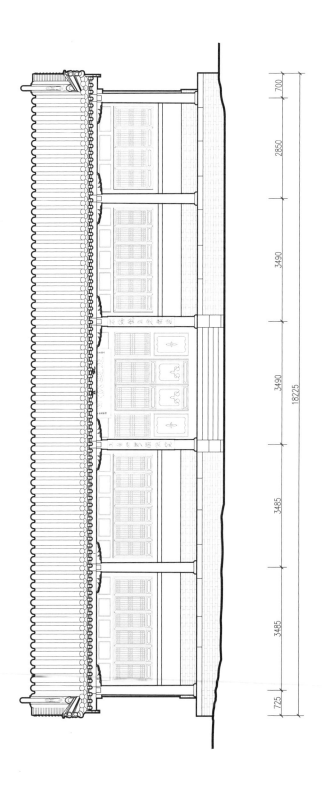

嘉峪关游击将军府后堂南立面图（绘图：将军府组）

嘉峪关游击将军府后堂横剖面图（绘图：将军府组）

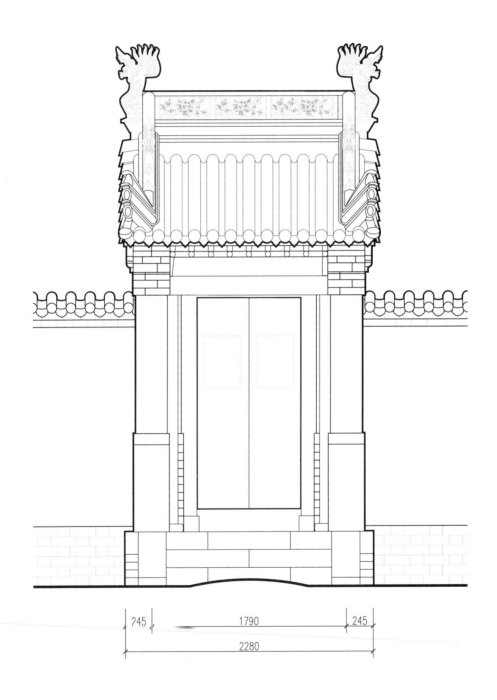

嘉峪关游击将军府垂花门南立面图（绘图：将军府组）

1101　　767　　742　　890

3500

嘉峪关游击将军府垂花门横剖面图（绘图：将军府组）

718	791	1635	884	742

4770

嘉峪关关城碑亭南立面图（绘图：将军府组）

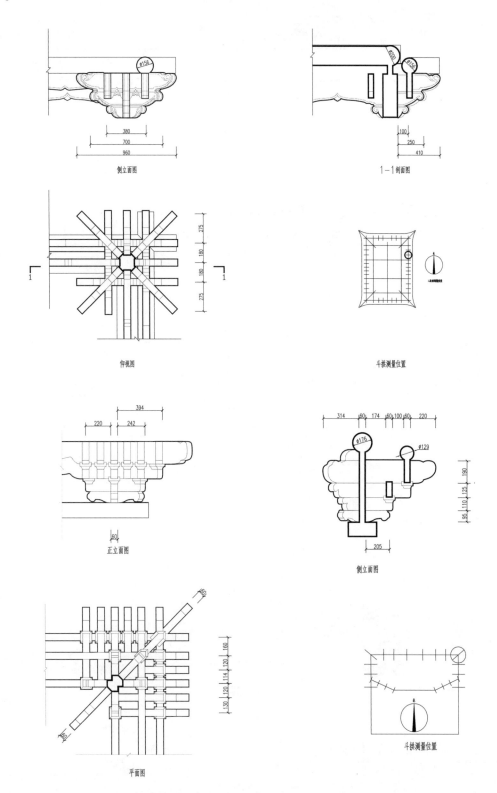

侧立面图

1—1剖面图

仰视图

斗栱测量位置

正立面图

侧立面图

平面图

斗栱测量位置

嘉峪关戏台斗栱大样图（绘图：戏台组）

北立面花牵代拱（东）

北立面花牵代拱（西）

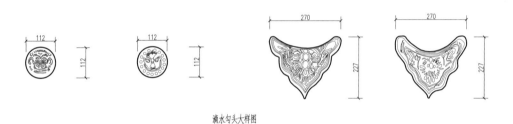

滴水勾头大样图

嘉峪关戏台斗栱、沟头滴水大样图（绘图：戏台组）

雀替大样图

嘉峪关北敌楼雀替大样图
（绘图：北敌楼组）

嘉峪关北箭楼沟头滴水大样图
（绘图：北箭楼组）

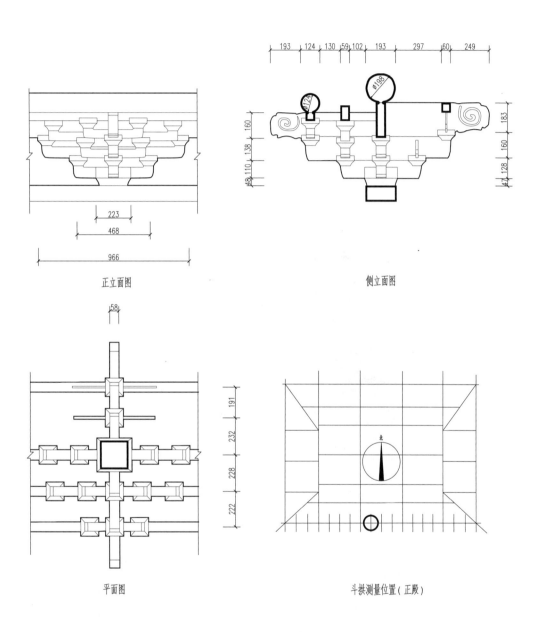

正立面图　　　　　　　　　　　　　　侧立面图

平面图　　　　　　　　　　　　斗拱测量位置（正殿）

嘉峪关关帝庙斗栱大样图（绘图：关帝庙组）

第六章
营修史访谈

　　为全面梳理嘉峪关的营修历史，尤其是新中国成立后嘉峪关历次修缮的内容与变化，在测绘实习期间安排研究生专门负责现场勘察，结合相关文献记载寻找历次修缮留下的痕迹。随后带着问题去管理单位查阅相关工程档案，并对相关当事人进行访谈。本章就是对巨金虎、张斌两位20世纪80年代与21世纪初期修缮工程当事人的访谈记录。

嘉峪关营修史座谈记录

时间：2018年7月25日　15:15—17:35

地点：嘉峪关丝路(长城)文化研究院

口述：巨金虎　原嘉峪关文物管理处文物科科长（以下简称巨）

　　　张斌　嘉峪关丝路(长城)文化研究院丝绸之路文化研究所所长
（以下简称张主任）

　　　王其亨　天津大学建筑学院教授（以下简称王）

　　　张龙　天津大学建筑学院副教授（以下简称张）

整理：刘一铭　天津大学建筑学院2018级硕士研究生

校对：王其亨、张斌、张龙

时长：140分钟

张： 这次王老师带着学生来嘉峪关进行古建筑测绘实习，同时还有一个与研究院合作的课题，就是对历史文献档案进行梳理，并开展营建史的研究。现在早期的档案还能找到一些，比如出版物、碑刻、清宫档案，但是新中国成立后，整个关城的变化我们就摸不太清楚了。所以我们课题里有一个任务就是整理口述史。

王： 上次我来嘉峪关做"文化遗产保护与工匠传统"讲座时，就强调应该注重工匠、工艺调查，这次测绘也是一样。比如说这个关帝庙的彩画，原来是什么样？地域风格体现在哪？现在几乎全是明清北京官式做法的彩画。中国几千年文明最大的优势是"大一统"下的多元共生，目前很多地方的工艺特色都消失了。20世纪90年代我们做甘青古建筑调查时，我曾带着研究生在甘肃甘谷拜访了三个大木匠，现在人都去世了，幸亏我们留下了记录。所以上次讲座我就呼吁，这个工作不应该是国家文物局来替你们弄。当时负责修缮的老工匠走了多少？再不记录，甘肃的地方工艺就全部失传了！文化部现在非常重视非物质文化遗产，在全国范围内成立了不同类型的非遗工作站，其中与中央美院合作，为浙江东阳木雕设立了一个工作站，把工匠扶起来，做深入研究。

整体来说，我对你们在这个方面的工作印象非常好，采访记录的工作绝对刻不容缓，老工匠说走就走。幸亏我当时带着唐栩——兰州大学化学学院院长的儿子，我的研究生，扎扎实实干了三年，把河西走廊的做法基本弄清楚了。近些年我才发现这些做法竟然一直扩展到蒙古国！但是，要是不仔细梳理，这些根本就说不清楚。唐栩的论文都拷贝给你们了，我们毫无保留，因为本来就是地方的资源，希望通过学校的研究可以发现问题，多多交流。人一生的经历，不都有文字记录，也不都留有公文，你亲身经历的修缮工程及传统做法的传承、变革，都得通过口述，记录清楚。我从1984年开始，就关注对专家、管理人员、工匠的口述记录，这条路我一直坚持下来，基本上都是根据文献和大量的口述材料研究而成，于是去年在建工出版社出了"中国建筑史学史论丛"。我们做北海的保护规划，就专门做了口述史的采访。从1952年就开始在北海工作的袁世文先生（人已经去世了），就是一个活字典。我们邀请他一次又一次在现场讲，我们的学生录音。1952年他看到的北海是什么样子，后面怎么变化，这些都记录了下来。如果没有他，我们都不知道有些树什么时候种的，这个石头什么时候搬过去的。他曾经讲到，北海原来没有那么多太湖石，新中国成立后各王府花园的新主人看不惯花园原有设置，大拆大卸，在周总理的关注下，这些石头都运到了北海、颐和园。那时候一动就是十几辆马车的太湖石，最后就是到处堆。这段历史，我们现在的文献里基本都没有。这个我就不多讲了，您今年贵庚？

巨：都快70岁了。

王：哦，我们是同时代人，你们应该算老三届，

巨：嗯，老三届。

王：我有个建议，你有人脉，可以呼吁一下。我们的遗产是谁创造的？为什么能够保护到今天？因为文化遗产的创造者就是工匠，不是官员，也不是我们这些做书面文章的。工匠传承一旦没了，遗产迟早都得走样走形，修一次坏一次，这是我们国内非常紧迫的一个问题。浙江省70岁以上的工匠，几年前全部进入省文物局的档案，你们这边应该也弄一弄，尤其是河西走廊地区的建筑做法。整个中国西半部，从这里到新疆、内蒙古，甚至到蒙古国，我们可以联合做这种调查。河西走廊地区的建筑工艺到底影响多大？这不也是非物质文化遗产吗？而且直接和文化遗产关联。通过测绘，我们发现它的很多做法和特点，过去不知道。如嘉峪关建筑脊檩上不是扶脊木，是椽花，把椽子后尾做成燕尾榫，嵌在椽花里面。我们的学生在普

遍调查研究以后，询问工匠，研究文献，判断这是清代中期以后成熟的。目前的调查很有限，但取的都是典型样本。比如青海乐都瞿昙寺，一直到永乐十六年（1418年）以前，都是本地工匠盖的，侧脚、角柱、屋脊升起，都很清楚；后面就是永乐十六年到宣德二年（1427年）盖的，再后来经过了乾隆朝的维修。我们发现维修当中有很多改变，恰恰就和清代成熟的河州工艺有直接关联。河州工艺你说不清楚是青海的还是甘肃的。

巨：看来当时北方都是这种工艺，大同小异。

王：不是，我们在华北的测绘调查，基本上覆盖了明清的皇家建筑。我们还进行了关外的测绘，比如沈阳的皇家建筑有很多地方做法，康熙朝以后更多受到明清官式建筑的影响，基本没有了这个椽花的做法，就是椽子斜搭、鹅掌搭，拿钉子钉的，没有挖椽花的。在脊檩上的扶脊木上挖一个椽椀，把椽子放进去，而没做燕尾榫。我也跑了山西很多地方，也没有发现椽花的做法。1993年，在瞿昙寺我们第一次发现这个椽花做法，开始还误以为是青海的明代做法，后来一调查，发现不是明代，明代绝对没有这种做法。

新中国成立后，高校长期被撇在文物系统以外。1984年我留校以后，拼命呼吁，获得单士元、罗哲文等老专家认同和支持，1992年以后高校的古建筑测绘终于被纳入国家文物局系统。我们天津大学从1941年开始一直坚持大规模的古建筑测绘。改革开放以后，我们千方百计和国家文物局沟通，按国家文物局的技术标准要求，经过专家一次一次评审，建筑院校的第一家国家文物局重点科研基地，就是文物建筑测绘基地落在了我们学校。

2013年基地挂牌的时候，甘肃省文物局的杨惠福、肖学智两位局长也来了。大家谈到嘉峪关测绘的事情，把我35年前的计划勾起来了。长城是世界七大奇迹之一，是中国的顶级建筑遗产，但是我们长城有什么最亮的形象，就是北京八达岭长城那几段？这绝对不是。所以我从1983年就考虑，对其中几个典型的城关进行测绘，很庆幸今年与嘉峪关达成了合作。这当然得感谢郑兰生，省文物局文物处前处长。还有我的恩师之一，敦煌研究院的孙儒僩先生。就这个月初，孙先生还给我专门写了两人幅字，意在提醒和勉励后进吧。1999年鲁土司衙门、2000年张掖大佛寺，还有甘谷大象山、武威文庙等，这都是我们与甘肃省文物局、国家文物局沟通以后，进行了测绘、保护规划、修缮设计等，本来想进一步拓展，一直没兑现，现在终于又接上了，非常感谢！

15年前，我兑现了一个承诺。我的老师冯建逵先生86岁了，他的老伴在20世纪

1983年9月14日王先生朝宗门速写

2018年孙儒先生93岁自书言志诗赠王其亨教授

50年代初被分到西北建设兰州，参与设计了兰州大学的校舍、食堂，60年代回到天津，再也没回过甘肃。2003年我带领两个研究生陪着他们，甘肃省文化厅的马厅长亲自安排，我们跑到嘉峪关，跟当时跟嘉峪关长城博物馆马馆长商谈测绘研究事宜。

巨：2003年的时候应该还是叫"文化局"。

王：2003年也是这个时候，我中途因为国家级教学名师表彰提前离开。这两个事堆在一块所以容易记住。一晃15年，我们终于圆了这个梦，不是我个人的梦，包括我们这个团队，我的老师！当然还跑了武威，后来也去武威测绘了。

感谢你们给了我们学习机会，这

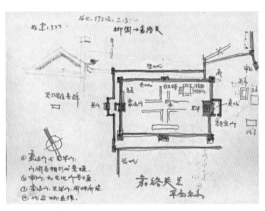

1983年9月14日王先生嘉峪关关城速写

2003年9月4日王其亨教授陪同冯建逵先生考察嘉峪关

当中已经发现很多问题。你们的翼角做法，就绝对不是我们调查过的那个翼角椽集中于角梁后尾一段的做法。斜椽后尾全部劈尖，然后向一个点集中，这种做法本地叫什么？哪儿的工匠做的？谁修的？

巨： 就是陕西的。

王： 陕西什么地方？

巨： 陕西长安，施工人员全部是长安的。

张： 光化楼和柔远楼大木结构什么时候动过？

巨： 光化楼和柔远楼没有动过。

张： 要没动过的话，那就应该是清代的东西。

巨： 也不全是清代，解放以后也动过，1956年修过。

张： 那1956年修缮有什么材料留下来吗？

巨： 没有，当时朱德同志到这来视察后，安全抢修过一次。

张： 那次有没有动大木结构，动到什么程度？

巨： 不知道，在那个以前是什么样的，动到什么程度，也不知道。就是在外围的一些东西可以看到。

王： 这次嘉峪关测绘还有一个发现，歇山四面全部带垂脊，山面也带垂脊，很独特！因为陕西我跑得少，陕西地面大的文物不多，山西太多又搞不过来，所以到底受哪个地方影响，还不清楚。从地域文化来讲，无非就是受山陕文化影响。但它和本地文化到底怎么样融会，还不清楚。提个建议吧，将来有条件你们可以以这个作为出发点，去搜集山面带有垂脊的实例，比如敦煌壁画里有没有？这绝对是一个亮点。另外最大的发现，就是东闸门，宋《营造法式》排叉柱的做法，那肯定是明初的原物。至于其他城门洞，就是张龙后来找到的台湾的清代档案里提到的："城堡东西正门前面发券后面过木成造"。北京的城楼也有这样做的，拆城楼的就是这样。后来乾隆时代，把它全部发券。为了这个事情我专门仔细看了看，各城门券洞前后两部分明摆着是两个不同时代的做法，不是一体的，绝对不是咬合叠砌的，就两层皮。

张： 两栋城楼和三个城门，两个拱是脱开的，一高一低。

王： 对，罩门券和门洞券是完全脱开的，不是一个整体设计。另外详细地测量后，我们发现拱券的券型都不一样。我曾经写过明清官式建筑拱券券形的基本形式。来嘉峪关之前，在南京召开了一个明城墙的国际论坛，我简单介绍了中国人什么时候开始用拱券做城门的，就是南宋、元，没有比这更早的了。嘉峪关正好擦

北京西便门旧照

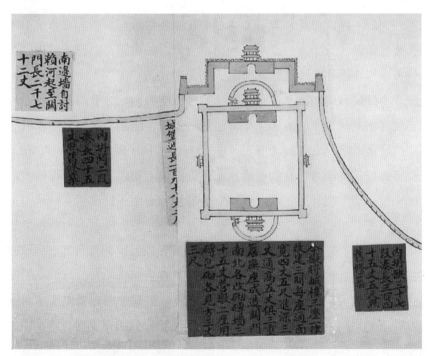

台北故宫博物院藏改建嘉峪关关门图（乾隆五十四年（1789年））

边，元末明初。现在知道最早的双心圆的实例，是元末的大都和义门，后来的北京宫殿，所有门包括桥都没有例外，到了清代，连四川，从川东到川西，拱桥全部是双心圆，标准做法。嘉峪关这里明初的券型，也是双心圆，但是乾隆双心圆就更规矩，这也是个新发现。换句话讲，乾隆朝改造以前，就是东闸门那一整套做法——上头盖城门楼子，这是我目前的逻辑判断，还需要更多地挖掘档案。

巨：档案可能很少。当时我们维修的时候，也挖过档案，但是能挖掘出来的确实很少，最后是找的西安古建园林院，当时他们的院长是郑灿阳。

王：我对国内档案工作行情大体了解。20世纪80年代初的《嘉峪关明长城》的两个作者还在不在？

张主任：不在了。

王：我真应该拜访一下。

巨：哦，两个都不在了。

王：你看后边的书，很多都是大量抄人家（前文两位作者）的，这些老人，尤其是搞文物的，有查阅原始文献的传统。对嘉峪关而言，那个明碑应该算一级或二级文物吧？就是那个弘治还是正德年间那个碑，记录李端澄修几个楼子，那个碑在不在啊？

张主任：碑不在，那是万历年间的，重修嘉峪关。

王：不是不是，五个字，有一个碣记，《嘉峪关碣记》。记述了当时李端澄的功德，修关城和城楼的大概经过。

巨：这个碑我们这好像没有描述这段。

王：《嘉峪关明长城》提到这段，里头还有这个碑的拓片。

巨：但是这个碑没见过。

王：那你们应该注意，文物出版社应该能够追到原底，这可是嘉峪关最重要的文物之一。

巨：嘉峪关开始归酒泉文化馆管，他们当时委托了嘉峪关乡一个农民管理，给点补助。这个农民拿着钥匙，我们这儿来人要检查了或者来看了，他来把门打开。

王：还真是应该感谢这些农民。

巨：当时这个大门有一个小的方孔，瞭望孔，个别的游客来就是从这些孔里面钻进去看看。

王：还有蒋介石题写的那个碑，无论如何也得收集起来。

巨：那个碑只有残片了。

王：再残也得收起来，如果不是他下令把城关里头那些人都迁出去，还有嘉峪关吗？如果一查，蒋介石这种文物保护的事例多的很，河南登封周公测景台，就是蒋介石发现的，然后马上令蔡元培调集全国最优秀的学者如罗振玉、董作宾、刘敦桢、陈明达、莫宗江等去调查和测绘研究，后来我们的建筑史书里都没有提及。可是蒋介石的手谕、蔡元培的签字，都在南京第二历史档案馆存着。还有左宗棠率军收复新疆时种下的左公杨，一定要列入文物古树的名目。

巨：这部分工作搞过。

王：我没见到牌。

张主任：档案里有。

王：几级？甲级？乙级？丙级？这个必须要赶紧建立档案并挂牌。

巨：在嘉峪关，这个东西（左公杨、柳）比较少，特别是古树木。

王：湿地里一大排左公杨呢！应该和园林局、林业局联手把工作赶紧做一做，做个标识牌。直书嘉峪关为"天下第一雄关"的左宗棠，他的事迹很少有人能够超越，如果不是他秉持公道，道义担当，我们的疆域就是嘉峪关以东，西藏没有了，新疆没有了，内蒙古都没有了，甚至宁夏都危险！你们可能都不了解这段历史，那个红顶子商人胡雪岩，就是想方设法贷款支持左宗棠进疆，不要国家一分钱，收复我国国土。还有那个戏台，为什么不把王震率军挺进天山时在关帝庙戏台誓师的影像在那播啊！

巨：有些东西啊咱们见不到，虽然是发生在这，或者存在在这，但是真正的文字性的东西咱见不到。

王：你回去花功夫吧，左宗棠在这誓师的，当时左宗棠的幕僚都有笔记，这个你们不能忽略。他们的笔记里头还有护城的人员，他们的儿子啊、家属啊、弟子啊，那个笔记汇集起来，绝对是研究嘉峪关的重要材料。无锡政府的文化品位很高，他们曾经想要把锡山祠堂群申报世界遗产，然后出了"无锡文库"，把无锡本地文人的文献全部汇集了。但是有一个重大的盲区，他们没有收集康熙六次南巡、乾隆六次南巡，以及相关的旨谕、朱批奏折等。康熙皇帝曾讲："江南名墅，秦园最古！"就是说江南园林当中，最古的就是无锡寄畅园。这可是申遗标准头一条啊！乾隆第一次南巡，就安排画工画了图，搬到清漪园，就是今天的谐趣园。无锡相关部门后来拨款委托天津大学帮着梳理皇家档案，最后收获很大。

张：也是在这个过程中，我们发现了嘉峪关的档案，比较详细地说了乾隆五十四年（1789年）干了什么。

王：你到中国第一历史档案馆、第二历史档案馆去问一问就知道，工科院校对档案的利用，最多的就是我这个团队，持续三十多年了。

巨：当时我们做史料整理的时候，确实没有去过各个院校，我们去过故宫。

王：你们一般去的是文科学校，比如西北大学？

巨：确实一个学校都没去过，因为去学校里查档案手续比较烦琐，我们跟高校是分开管理的，人家是否允许我们进去都不好说，我们主要跑的都是文物单位的，像故宫博物院。

王：中国第一历史档案馆收藏的明清档案应该是目前全世界最多的。另外之前一些长期在华的外籍人士你们也应该留心，他们的老照片、游记（拉丁文、意大利文、法文、德文），他们的其他档案，针对这些史料也可以提些建议，珍贵极了。

张：巨老师您说的1956年的大修，是包括城台、关楼、戏台和关帝庙都修了？

巨：具体动了什么部位，动了什么，都说不清楚。当时是中央领导到这视察，为了安全起见，整个维修了，当时可能是新中国成立后第一次维修吧，当年是酒泉文化馆派人和出资。

王：你们现在赶紧呼吁一下，把嘉峪关做成一个相关的试点，所有维修工作参与人员，还活着的，赶紧开展抢救式口述整理。能请来座谈最好，因为很多人的记忆是需要外部因素激活的。试一试，我相信会发现很多线索。现在年轻人也多，口述后马上整理录音，然后签字确认。

张主任：全部都不知道，谁维修了？谁负责的？都不知道。

王：这就是一个逆向的追踪过程。

张主任：我们能查到的就是20世纪80年代的那批人。

巨：要拍照片的话应该是我拍的，当时资料和照片是归我拍的。

张：就是20世纪80年代的维修？

王：你们应该先提供名单，然后拽到一块座谈，拼出来肯定是非常鲜活的一段历史。

张主任：我做课件用了，照片在资料室，有底片，还有黑白照片。

王：另外，文昌阁中间下沉太厉害，你们应该赶紧用应力片监测一下。

巨：搞过一段时间，反差非常小，肉眼观察不出来，时间一长，也就不了了之了。

王：这个现在可以自动监测。你看那个风速监测，一个西北，一个东南，西北哗哗在那转，东南不动，什么意思？风肯定是推着建筑的，风停了，建筑的回弹你眼睛绝对看不见，必须监测。

巨：当时看过，这个月看的是这个情况，下个月再去看，我们五六个人意见都不一样。我说没变化，他说榫卯的脱节小了，根本讲不清楚。

张：请您简单回忆一下80年代的工程吧。

王：这个以后说吧，最好是抢救性的，现在活着的有比你年龄更大的吗？你已经是年龄最大的了？

巨：没有。

王：再不抢救，这还得了！你能够回忆几个？能找到几个？你是有心人，先拉个名单，让他们赶紧摸底，哪怕之后再做一次，到时可以准备得更细致一点。

张主任：当时的工匠全部是外来的。

王：我觉得再不抢救，人一走信息就都没了，文件里是查不出来的。

张主任：80年代那次维修队伍，好像也是陕西的。

巨：施工单位搞木结构的全是陕西的，搞土结构的，像长城城墙是甘肃天水的，还有些小的工程全国各地的工匠都有，我也说不清楚。

王：我跟韩城古建公司打过交道，有几个大木匠真是了不起。

巨：当时我们这有两个木匠也是韩城的，是由包工队请过来的。我们根据批准的方案、图纸和拆迁以后的状况，最后经过论证、设计，由他们建。

张主任：我看文昌阁顶上还有"皇图永固"那个题记，后来维修改掉了，写的长安细柳工程队，在原先资料上应该是"皇图永固"四个字。

王：这次还发现一个亮点，您那儿算是立了功了，换的瓦居然有名号，有年代，这在全国都很少见。

张主任：这个是我们专门制作的。

王：这个东西要变成制度传下去。

张主任：20世纪80年代维修的时候我们参照文昌阁套兽生产的，老的套兽上、老构件上都有一个印章。后来我们这次换瓦，就把哪个厂产的，哪年换下来的，定制着印上去了。

王：实话实说，看了你写的南闸门考相关的文章，我半天才反应过来，那两个不起眼的石头，是你文章里头谈到的。为什么不立个标牌？你不立标牌，就没人看得到，就当做废物扔掉了！北京故宫也是这样，发现了元代的套柱础。我的老师单士元先生很早就注意到这是元代的实物，那个套柱础里面那么大一个窟窿眼，堆在那，80年代我就纳闷，这是干什么用的呢？后来有个国际会议，蒙古族的包慕萍博士，在东京大学曾讲到这种柱础，是漠北蒙古贵族搭帐篷用的。我一下恍然大悟，和陶宗仪的《辍耕录》完全联系起来。现在故宫武英殿裕德堂前，曾为元代的守备司，这种柱础是在大内搭帐篷用的。但是这些套柱础，后来不知道下落，一得到这个信息之后，我马上逼着故宫古建部我的两个弟子赶紧追查下落，最后在一堆废弃的石件里找出来。你的文章不一定所有人都看，那两个门枕石哪来的？这应该像库房里面出土的陶器一样，有个卡片，要不然，过不了多少年就不知道下落了。

张主任：我们这次维修，把嘉峪关关楼上的柱础全摆到北面城墙顶上，当时我们做了个标识牌放着。

王：摆了一堆，原来什么位置都不知道了。

张主任：再有南闸门那里，市政府非要在那开个门。当时郑灿阳是古建所所长，他带的那个年轻人，叫李卫，我们这次建筑就是他做的。

张：现在重修的也是20世纪80年代做的游击将军府？

张主任：游击将军府是1992年建造的。

巨：没有到1992年，在80年代最后，建完可能是1991年1992年。

张：那有一个碑记，写的比较清楚。

张主任：当时那个设计是陕西古建所的李卫做的，现在他们单位改制完叫陕西省文化遗产研究院。

张：最近一次新修，是吗？

张主任：这次不是，这次是山西古建所设计的，施工是甘肃的永靖古建公司完成的，彩绘是北京园林古建公司。

张：画的是旋子彩画吗？

张主任：原来是旋子，这次的照着原图稿画的。

王：原来都应该详细记录。

巨：80年代维修的时候也记录了，因为大家最后写的东西都需要他借、你借，他拿、你拿，最后是有借无还，你说给他了，他说给你了，后来人又不在了。

张主任：80年代我们维修记录只能找到两本，一本是刚才看的照片，一本是文件式的东西，只有这么两本材料。

王：这种情况太多了！明显陵申报世界文化遗产，国家文物局专家组推荐我去做保护规划，当时搞到大量原始资料，文管处处长一走，全带走了。

张主任：那天您问的将军府后堂顶棚的那个彩绘，原本有个小样，我当年翻资料的时候，小样还在。

王：你们现在这方面资料管理怎么样？

张主任：这两排柜子，就是这次的维修资料。

王：你怎么管啊？尤其是数字化的资料。1997年我们做太庙和社稷坛测绘的时候，第一次小范围搞了数字化测绘，罗哲文和傅连兴两位先生到现场看了，特别高兴，建议直接在全国推广！可是第二年，却说了句什么话？罗公说："这还得了！一个薄片（光盘），资料全拿走了。"所以说，管理跟不上真的要命。

巨：资料的保管要传承下来，延续下来。机构的变革，有时候移交都没有办法移交，有时候老单位需要的东西，新单位也需要，老单位肯定不肯给啊，老单位就留下了。等后面这些东西用完了，没作用了，对于老单位来说就成废料了。

巨：你看罗公的家里，他自己收集的那些资料，分类相当清晰。什么年代什么地方，是图片还是其他，是木结构还是土木结构，是可移动的还是不可移动的，都分得清清楚楚，你需要什么，人家一查就给你查出来。我们上罗公家里去看了一下，找了两个东西看，确实不得了啊。

张主任：城墙外面那一层，是不是80年代修缮的时候帮夯的？夯的时候，是塌的地方夯了一下，没塌就再没帮一层吗？

巨：哪个地方？

张主任：整个城墙，那天我也查了资料，最里面是最早的，它分了三层，中间一层，两边各有50厘米。后来我又查了两个资料，80年代帮夯过一次，再一个是后期加固的时候。那个南敌楼的砖，也是20世纪80年代帮夯的？南面那个，不是中间还加了个圈梁么，南敌楼的外侧，一直砌到顶上？

巨：嗯，对。

张主任：北敌楼没动，南敌楼包夯了。

巨：当时是从南边搞了试验。

王：现在每年下雨能有多少天？连续下雨有多少天？如果连续下雨，这个土层真是危险。

巨：连续下雨最多四天，一般三两天。

王：你看元大都的土城夯成那样，一下雨稀里哗啦，明代就被迫包砖，原来元大都城墙每年都得去割苇子，做帘子，相当于一层层披蓑衣啊。

张主任：那为什么当时里面的地面没有下降呢？西罗城的裂缝，就是地基下沉，我们这次维修没有往里面塞东西，打了三排钢管桩，就是60度、45度交叉。

王：地下水水位多高？

张主任：这边在80米以下才能打出水来。

王：其实打摩擦桩，灌白灰，然后再弄点二氧化碳泵往里泵，比石头还结实。这个技术你们这绝对有条件，因为白灰凝结，是气硬性不是水硬性的，只要往里泵二氧化碳，冒不上来的话，它的强度比石头还高。这个应该做个测试，你们这条件绝对棒。这几年还有这种大面积沉降的情况吗？

张主任：这几年没有。

王：光化门西北角注定下沉、通缝，得赶紧贴上电阻片监测，不一定什么时候来个平遥（坍塌），一大片下来。

巨：光化门当年还没发现下沉。

王：西北角那个裂缝是通缝。

张主任：光化楼、柔远楼城台四个角都打了桩。

王：明天我们一块看看，最好赶紧贴上耐久的材料。

巨：最早测的是文昌阁，因为下沉，最后立柱角柱换了两个，裂得厉害。

王：下沉光换柱子不行，地基不灌浆，肯定会坏。

巨：卯榫开裂比较明显。

王：就是刚才我说的，一个是下沉，一个就是木结构老被西北风朝东南吹，风停就回弹，就像这个椅子，表面上那么结实，这样不停地摇啊摇，有一天肯定散架。

巨：我们监测过文昌阁，最后也不了了之了，因为没办法依靠肉眼观察。

王：我刚才说的那套技术非常成熟，你把土木系搞力学测试的赶紧叫过来，他没古建筑测试的经验，但是这个技术用上，马上会见效。风速计解决不了应力分析，依靠这个方法，每天摇多少次，幅度多大，应力多大，回弹多少，有这个记录，马上就可以见效。那个技术很简单，就是电阻丝，两个榫卯一扒开，电阻丝就拉长，电阻就变大，然后很细的导线连上显示器，读数出来一换算就知道力多大。我们五六十年代重要的结构工程全都拿这个监测，这个技术完全成熟。另外，聚碳纤维在加固的时候，不露声色做在地仗上就可以解决，比钢筋混凝土强度还高。

张主任：80年代维修的资料现在也都找不着了。长安细柳施工队后来变成陕西古建公司，再后来变成陕西古建所，现在又合成一个遗产研究院。

巨：姚华明还在吗？当时施工队队长是姚华明吧。

张主任：这次维修城墙的还是他们，是陕西省文物修复有限责任公司，他们前身就是长安细柳（工程队）。

王：他们现在的地方管理机构，你都清楚吗？

巨：我最早在城楼管理处，后来从城楼处调到文化局文物科，后来就退休了，他们扩建了。

张主任：我们关城所有的维修，就是那个时候巨科长拍下的照片、留下的资料多一点。

王：胶片最好是高清扫描，那个照片非常珍贵，用现代技术精扫，故宫这套技术最成熟。

张主任：1986年到1989年的这次维修，维修完韩扬拍过一次，他拍的是彩色照片。

巨：彩色照片还得拿到外面去冲印，当时甘肃省冲印不了，都得寄到北京，冲印好寄回来。

王：如果把1983年那几个彩色胶卷弄回来的话，又给嘉峪关做了个贡献。

张主任：1989年韩扬拍过一次彩色照片。

王：找1983年的。韩扬现在也是专家组的吧？我当时穷得叮当响，哪里拍得起照片？1982年初，为了跳出山沟国营大企业体制，我考研究生回到天津大学，一晃三十六年半。1983年来嘉峪关考察，也都35年了！

巨：当时程大林是画报社的记者，在这呆的时间长，比较系统地拍过。

王：人还在不在？

巨：在不在我就不知道了。

王：你们有责任追踪。

巨：他是人民画报社的，实际上就是新华社图片分社。

王：他们现在也卖图片，还有纪录片，另外有的资源你们也要投入。中央新闻纪录电影制片厂，已经全部数字化，50年代以来的纪录片，嘉峪关绝对少不了。我们的承德古建筑测绘在1954年新闻简报大概有几分钟的节目，幸亏老的系主任回忆起这一段，后来大家拼命找，追出来1954年的黑白胶片，就几分钟。我手里头没有，在学院。

张主任：还有一张老照片，是朱德同志到嘉峪关的时候拍的，架子还搭着。

王：我刚才提到的中央新闻纪录电影制片厂，新华社图片分社，人民画报社，他们都有目录，可以通过省宣传部找。嘉峪关作为一个旅游城市，酒钢的建设，应该有全套的纪录片。中央新闻制片厂没人能够取代，绝对是资源宝库。新华社甘肃分社新中国成立以来就有，弄不好那些记者手里头还有。

张主任： 80年代中央电视台播放过纪录片，我一看都是维修前，1984年—1985年。那时候最早成立的是关城文物管理处，后来到文管所的时候，他就已经到文化局文物科，最后是文物科的科长。他参与了80年代那次维修，我们能找到的资料，都是巨科长拍下的黑白照片。

张： 不是还有一个从咱这走的，到省文化厅当副厅长的吗？他多大岁数？

张主任： 杨会福，六十多岁，他那时候也在文化局，他是关中文化所所长，他俩在一起。

张： 他没有具体管过这块吗？

张主任： 也参与了，了解关城维修的只有他们了，没有再比他们岁数大的了。因为那时候这边文物保护力量特别薄弱，只有他们这些老文物工作者参与了这个，但是维修都是外部力量。

王： 好不容易出来了一个引进的甲级资质的永靖古建公司，维修施工现场看得我目瞪口呆。怎么这样干？地基全部挖了槽，砌红砖，灌水泥砂浆，就在那个永登县连城镇的鲁土司衙门，大经堂柱子都没涨平，屋面就开始做了！

张主任： 他们是甘肃最早的古建队伍，将军府和关帝庙的维修，就是他们干的。我们这次也跟得紧，屋面的瓦件都没更换，就是哪块瓦垄开了，给弄一弄。

王： 我在瞿昙寺，是要求把每块瓦卸下来编号，堆着，断裂的用钢刷刷，再用环氧树脂粘好，最后归安。

王： 你们现在搭棚子吗？

张主任： 搭。

王： 应该记下这一笔，就是我们弄瞿昙寺的时候，孙儒僩先生力主搭大棚。清代以前的皇家建筑工程，全部是搭大棚。

张主任： 我们这次山西古建修缮的时候，全部要求搭罩棚。

王： 从哪一年开始的？

张主任： 从2012年维修开始。

王： 你看，我们从1994年开始，在青海乐都瞿昙寺就开始搭了。工匠工程队也尝到甜头了。那么晒的天，有个棚子就可以作业，下雨了晾灰背一样晾，所以后来那些公司不用我们讲，自己就搭棚子。

张主任： 这边风大。

王： 多加几个戗杆，多加几个稳绳，全部解决。你干这一行多少年了？

张主任：我在这呆了20年。但是干这个不长，也就这几年，从2012年开始。棚子搭起来之后，所有的瓦件拆下来编号，全部对好，放好。

王：这些年最大收获是国民素质提高了，文物意识提高了，一动就群发、举报。最初体验到这一点是在颐和园测绘，学生一上房，群众就说你们破坏文物，学生理直气壮地说我们保护文物，两边就吵起来了，有的游人就打电话投诉。

张主任：嘉峪关关楼上挂的那个匾，我们都没上，直接雇了个吊车从外面吊上去。

王：另外，你们这个保护研究当中，做过碳14测年的工作没有？东闸门可以做做测年工作。

张主任：没有做过。

王：2007年我们测绘正定古建筑的时候，已知道梁思成先生曾判断那个府文庙应该是唐宋的，起码是元代以前的。我们详细测绘了之后，我判断早不过洪武，结果一测年，大件小件全是洪武。

张主任：这个好测，只要有植物纤维都能测出来。

王：嘉峪关的大木结构都很难换，气候很干燥，很难糟朽。

张主任：总的来说，我们这边的建筑掺杂的地方的东西特别多。

王：一朝为官，可能考虑的是自己的家乡或者朋友关系。

张主任：还有就是家乡或者本地的匠人。

张：有新中国成立以后东闸门的修缮记录吗？

巨：东闸门修过，立柱都换了。

王：换了多少？

巨：五根还是六根。

王：有编号吗？有记录吗？

张主任：我们这次又换了一根，有一根中间烧空了，换下来的东西还在。

王：换下来的就可以取样，马上可以取样。

张主任：这次东闸门那个横梁也换了，把前面正中间的第二根檐柱打开以后，里面收分的情况看得很清楚。那个城楼的门扇啥时候换的？

巨：城楼的门扇是维修以后换的，80年代包的铁皮。正门（关楼）的门扇好像没换。

张主任：两年前我在那上班的时候，关帝庙后面不是个仓库，是三产办公室，后来拆那个房子的时候旧城门也没了。最早是会极门坏得厉害，换掉了。80年代以后城门全部换了。

张：什么换了？

张主任：门扇。

张：门扇换了，砖券没动过？外墙的砖也没动？

张主任：没动。

王：那很难动，而且本身也很稳定。我很早就有过判断，窑洞肯定早就出现了，后来看到考古界发现一堆西周的窑洞！拱券很难干预，地震来了它也塌不了，很少能把它撼动的。窑洞都是雨水泡塌的。

张主任：会极门的后面，角上的两块砖是活动的。当时我没发现，维修完了我问，咋这两块砖掉了没修，施工单位说就是活动的。

王：管扇，门上受力最大的木头换过没有？

张主任：就是门上顶上有个大横梁子？

王：两个门扇枢轴绕着大横梁两头掏的两个圆孔转，那个大横梁就叫管扇。

巨：那个没换。

王：但是门扇为什么会换呢？什么原因？虫蛀？这不可能。

巨：整个门扇让人砸坏了，人翻一下就能进来。

张：那就是原来的门，也是包着铁皮的？修前的门是包的？

张主任：修前的就是包的。

张：相当于按原物修的。

王：还有没有1971年的大炮，博物馆收藏的应该是真的吧？

巨：都是真的，但不是嘉峪关自有的，那是从故宫调来的，因为故宫博物院东西太多了，堆得到处都是，最后就拨了一些，办了手续调过来了。

张：城上摆的都是真的？

张主任：城上摆的那是假的，博物馆放的才是真的。城上摆的炮是2010年左右放上来的。

巨：长城上的那个功碑，是嘉峪关本市的。

王：你们赶紧往前追，组织更熟悉嘉峪修缮关全过程的老人一块座谈，比我们来问一些问题好得多。

巨：城楼的负责人宋子华现在可能九十多岁了，前年我们还通过电话，他在四川成都。

张：他当时也是城楼管理处的？

巨：他是最早文物管理所的负责人，一直到走都是负责人。

张：那他应该经历过1956年的大修吧？

张主任：1956年的大修归酒泉相关部门管，不归我们管，那时候嘉峪关还没有建市。1972年嘉峪关建市，五六十年代归酒泉文化馆管。

王：你有记日记习惯吗？

巨：早就没有了，当时搞工程的时候有这个要求。当时我们的总负责人是市里的副书记，他是南大中文系毕业的。他对这个（古建筑）很喜欢，又有记日记的习惯，就要求所有参加的人要把每一天的活动记录下来。

王：赶紧把这些线索收集起来。

巨：都有记录。我们搞完之后，当时的负责人是高凤山，长城维修办主任，他把所有的日记都收集起来，要整理出版。他整理了一部分，后来由于一些事情，出版的事情就不了了之了。现在人已经不在了。当时他是和张军武，地方志办公室主任一块在做。

王：80年代地方志办的领导，绝对是学者，地方的才俊。

巨：之后他也不在了。

张主任：这些东西是不是在市志办公室有所留存。

巨：后来市志办的主任换了，换成吴胜贵，现在吴胜贵也退了，就没有看到这些东西。

张主任：以前的市志办不是出版了吗？

王：出版的不是基础材料，那不可靠的。

张：原来那些施工日志呢？

巨：施工日志没有了。当时对进行木结构修缮的人进行了特殊要求，因为比较注重，就要求他们尽量详细，每件事都要记下来，说的什么都要记。

王：原来国民政府时期，就有这套体系，我小学三年级的时候接触过铁路局的档案，非常严谨！你们甘肃只有一家保留了，就是敦煌研究院，保留了传统，我相信到那查档案，肯定是完整的。

张：巨老师，咱们戏台地板以下有没有动过？原来是实心的还是空心的？

巨：垫过，它下面本身就垫了东西，垫的不实，后来又垫了点土。

王：有没有刨过边缘墙基础？

巨：没有。

张主任：80年代把砖砌起来，夯了一下，哦，没有夯，把坑填死，重新用砖补上了。

王： 考古，一直挖到原土。

张主任： 嘉峪关关楼砌之前，我们都进行过修理，那个是正规清理。那些柱础，就是当时清理出来的。

巨： 当时传说楼子是烧掉的，但是我们清理的时候，没有发现烧的痕迹。

王： 从墨子以来，中国对戏台、城楼的建设就有很多声学上的设计，要考虑侦听远处的军队马蹄声。为什么骑兵晚上睡觉时睡那个箭袋，就是因为有共鸣。其实短暂起开一部分就可以判断。

张主任： 把文昌阁二层那个水泥铺地方砖全部起掉，下面就是木板。

巨： 这是酒泉文化馆管理那的时候铺上的，铺上的目的，就是人走上去好看，但是当时来了专家说，不应该铺砖，增加它的重量。

张： 原来承台是木板？

张主任： 那个时候木板上面铺了一层水泥，打下这么厚的小方砖，跟板砖一样。2012年我维修的时候把这层砖起开，发现不是木地板，下面好着呢，只是从上面看不平，整个是往西面倾斜的。我们整个把小方砖起掉，现在就恢复到最早的全是木地板的样子了。

王： 对文昌阁的监测，如果参照我提的建议的话，两年就可以见效，太明显了，你一开始就应该考虑这个问题。非常感谢！感谢这次交流，您本人也非常敬业。

巨： 这是我们本来就应该做好的工作。

嘉峪关张斌所长访谈

时间：2018年7月24日　09:20

地点：嘉峪关关城

受访者：张斌（甘肃嘉峪关市文物管理所主任，以下简称张主任）

访谈者：张龙（以下简称张）

整理者：刘一铭

访谈时长：85分钟

张： 关于历次修缮的材料，我想复印一份带回去，整理到一起，做一份文献和营建史档案的汇编，以后再利用都比较方便。那咱就从南闸门开始？

张主任： 嗯。南闸门是2014—2015年修的，它的样式和材质都变了，规模也扩大了。因为关于原来的南闸门我们也找了一些老资料，找到最早的老照片就是那个样子，拍摄人突然想不起来了。

张： 我看您写的《南闸门考》，有30年代拍的照片，还有外国人拍的照片。

张主任： 对，我们就是通过那些照片，确定了南闸门的基本样式，然后找设计单位设计。之后我们又用了复建公司的日志，日志是2014年的，因为南闸门是2014年修的。在1960年代这里（戏台东南侧）有一个豁口，在1986年到1989年维修的时候把这个豁口堵上了。后来拆这堵墙的时候，挖到门下面的柱础，进行了简单的文物发掘，当时就把这个门头石清理露出来一块，还有另外一块在原位置上。

张： 那咱过去看一眼。

张主任： 原来的南闸门就在这个位置，现在在这（戏楼东南侧）。它是和这个（城墙）连在一起的一个随墙式的门洞，就是这个形制。然后这个门头石在这，还有一块在原地放着。我们在这设了个圈子以后，把它清理出来，石头就在里面盖着，原位置就在这。

张： 那一块呢？

张主任：另一块在那个位置上，这两个在这。

张：那这个也是老的么？

张主任：对，这个是一对。那边还埋了一块，那个放在那里是标示南闸门原位置的。这一块原来大概在这个位置上，闸门就这么点，特别小，最后把它放大了就是为了进消防车方便。

张：这个应该是一个柱础？

张主任：这个应该是闸门的，但是只有一块，就在旁边这么放着，它的作用应该就是装门的。如果没有日志的话国家文物局不让动，所以我们把这些东西清理出来之后，又把老的档案资料找到，印证好报上去，就批下来了。

张：我看书上的老照片也不是特别清楚。

张主任：因为这个老照片是30年代的照片，是从南往北拍的整体。

张：有没有可能这个地方是有排叉木的。

张主任：办长城展的那个美国人老威廉（威廉·埃德加·盖尔），他在1908年的时候拍过一张南闸门的老照片，他是从里面往外拍的。很简单，就旁边立了两根柱子，门扇也特别小。再有一个就是我们30年代那张照片，从南往北拍的。当时我们把它局部放大之后这个轮廓就出来了，但是它里面的结构，也就是细节方面只能依靠威廉的照片来看。从威廉1908年这张照片来看，这个门很简单，到了30年代这个门就稍微大气一点，两个形制还有一点区别。

张：其实这个嘉峪关历朝历代都在修，都在改。

张主任：我们当时查资料，郭富山还有其他前辈们，都把这个南闸门定义为楼阁式的，而且当时做方案的时候，把照片放大之后左右对比，才发现照片上的楼阁是背后的文昌阁，好像门上有个楼阁一样，其实不是楼阁式。

根据照片来看，这个南闸门的样式很模糊，像楼阁式，但是从这张照片上看，它并不是（楼阁式），它就是一个很简单的门。所以我们找到这个资料以后做了一个方案，修了这个。

张：对，未来还能用。

张主任：一个是还能用，再一个是我们这个东闸门是青砖的，所以后来我们修的时候把它改成青砖的。

张：这个改动是可以的。

张主任：我们就是把它的体量放大了，但是他的样式还是按照老照片上30年代的照片来做的。

张：那咱们这个戏台，始建年代到底是乾隆朝还是……

张主任：这个梁架是乾隆五十七年（1799年）重建的。

张：那明代的时候就有了？

张主任：明代的时候有，但是史料上没有记载。查了很多资料，没有任何记载来说明这个戏台是什么时候修的。因为前两天我也有写一篇文章就是关于这个戏台的营建，到底什么时候建的，为什么要建，我也查了一些资料。兰州城市学院的一个老师，他在做甘肃戏曲史研究史，我看了他的一篇文章。他说关于甘肃从明代到清代营建戏台的历史，有人做过专门梳理，在河西这一代包括甘肃整个地区的明代所建戏台里，没有这个戏台的记录。张掖两个戏台是明代建的。在乾隆年间，甘肃河西建了特别多戏台，但是也没资料说明这个戏台是什么时候建的，只写乾隆五十七年重建，包括文昌阁也是一样，是道光二年（1822年）重建的。

张：就是始建年代都不太清楚。

张主任：对。这个关帝庙，里面的碑刻都是反映重修关帝庙的历史，在万历十年（1582年）修过这个庙。我的观点是这个戏台在乾隆之前应该不是一个单独的场所，应该是和关帝庙一起的，它是关帝庙祭祀的场所。比如祭关公的时候。这个庙碑上写得很清楚，这个戏台应该是和关帝庙同期的，维修的时候也是一样。乾隆五十七年重建，也就是嘉峪关大修时期的产物。

张：因为光化门和柔远门上写得很清楚，是乾隆五十六年，都是乾隆年间的事。

张主任：因为这个光化门上的包砖上面写的乾隆五十六年，是谁包的，都写得很清楚。

张：那这个关帝庙肯定是明代就有，但是这个房子一看就不是明代的。

张主任：关帝庙1998年重修了，但是里面有一些梁架的老构件。

张：那咱们边走边看，这个（关帝庙）不是说从别的地方迁过来的。

张主任：这个就是原位置重建的，这个设计方案是古建所做的，修的时候是湖北大冶修的，做的仿古建筑。当时我拿过来一些老照片，他们看了一下，翻拍了一下。"文革"时期给拆了，在80年代又重修了。修起来之后就有民间的风格，有窗和砖，在照片里可以看到，1998年重修的一些梁架上的东西现在还保留着。

张：那"文革"时期拆毁了，80年代的房子哪来的？

张主任：自己重修的，但是设计的不好。这四个瓜柱是老构件。

张：那这个是什么时候的呢？

张主任：这个也是"文革"之后修复的。

张：那当时修复的时候，这个构件是哪来的？

张主任：这个没有资料。"文革"期间毁了好多庙，当时把关帝庙拆了之后又盖了乡政府，这些庙的历史都是当地人口述的，没有任何文字记载。后来听说这个木料到大队部了，但是在乡政府重建之前，这个木料留下没留下不好说。不过从1998年修之前的照片可以看到，这四个（瓜柱）应该是老构件。

张：那这个就相当于80年代初重新建起来的，具体哪年呢？

张主任：这个没有记载，我没有查到过资料。

张主任：对这个东西最清楚的应该是高凤山、巨金虎，原来文物科的科长，他在80年代维修的时候拍过照。

张：这个人现在还在吗？

张主任：在，我现在没他电话。你们先问一下王崇明有没有巨金虎电话。因为巨金虎对这个情况比较清楚，问他就清楚关帝庙的事了。

张：要是这些人再去世就没人知道了。

张主任：因为后来设计的不规范。

张：对，感觉整个梁架特别粗糙。

张主任：1998年维修特别不规范，而且是拼凑起来的。

张：那1998年维修应该还是按照80年代的样式来的吧？

张主任：不是，改了。

张：整个脊也是，做得很乱。而且门口这里也做得特别奇怪，门口的牌楼也是80年代重修的？

张主任：不是，这个牌楼是老牌楼，应该是清代的。

张：这个琉璃一直是绿琉璃，那历史上这个关帝庙也有可能是绿琉璃。

张主任：应该是，而且当时我们清理南闸门构建的时候有很多绿琉璃。这个关帝庙应该是这一带最大的关帝庙，而且关帝庙的级别都很高。

张：那就是80年代修的大殿，90年代修的厢房？

张主任：不是，大殿和厢房都是1998年的时候全部重建的，回头我把关帝庙1998年维修前的老照片给你一份，你们看老照片就知道维修前这个关帝庙长什么样子了。那个时候就是个很破的房子，窗户不是这样的，就是木窗，现在这个墙整个铺满。巨金虎就在那个家园那里住，我见过两次。

问一下巨科长，他算是老文物工作者。而且他是主管文物，是文物科科长，

1989年维修关城就是他拍的照片，他对这个情况更清楚一点。他现在有70岁了，退休都10多年了，但是精神很好。我那天开车过来碰到他，看他精神挺好。

张： 而且老先生对年轻时候的事记得特别清楚。

张主任： 对，这辈子就守着这一个事，所以特别清楚。当时嘉峪关重点就在关城，人家一直守着关城。他是本地人，在甘肃省也算文物方面的专家，他当时和高凤山参与了1989年的一次大修，他是最清楚的。

张： 所以说当地人的口述史采访应该赶紧做起来。

张主任： 对，这样比较靠谱点，要不然有些人说的不好分辨。

张： 嗯。那这壁画也是那时候一起画的？

张主任： 这壁画就是1998年画的，包括这两边厢房形制都是1998年修成这样的。

张： 那这次维修呢？

张主任： 这次维修是我们最近修的，彩画图谱没变，大殿的梁架彩画是修复的，厢房院子里的彩画是重绘的，也是按照原图谱重绘。把不标准的往标准修复，因为这些彩画都是清官式（彩画）。

张： 嗯，都是按官式做的，没有地方特色。

张主任： 对，因为上次画的彩画虽然是旋子彩画，但是画得不标准。所以这次整个都是按照旋子彩绘重新画的，你看这个山门梁是1998年画的，再看这个山门正梁是重画的，这两个一对比就能对比出来。那个山门梁就画得四不像，虽然是一整两破，但是画得连四分之一都达不到。这个山门正梁是比较规整的。本来这里梁架彩画是不让动的，但是一除尘全掉了，所以重绘的，只有这两个保留下来，能保留的尽量保留。1989年那次维修时怎么操作的巨金虎应该很清楚。

张： 1989年他就在文物科？

张主任： 他全程参与了维修，现在全程参与的人里也就巨金虎还健在了，高凤山已经去世了。

张： 那现在20世纪80年代的信息就只能从他那里获取了。

张主任： 对，还有一个就是查资料，因为1989年那次维修有资料，但是都是钢笔写的文件，上次维修的时候我翻看过。可用的东西也有，它记录了一个过程，我那有翻拍的文件，回头给你找一下。

张： 那我就不用去资料室找了。

张主任： 1989年维修之前的照片，张总正扫描着呢，他们保管，包括1986—

1989年现有彩画的图谱。关城现有的彩画图谱就是1986—1989年变成这样的，1986年之前的图谱不是这个样子的。

张： 都应该是地方风格。

张主任： 它是明代彩画的图谱，而且还有地域特色。到了1986—1989年那次维修之后就全变成清官式彩画了。而且戏台那张彩画就是明代彩画，戏台上的彩画是啥样子，这楼子上的彩画就是啥样子。现在唯独戏台上的彩画是明式彩画，其他的都变了。因为全国各地的彩画大部分都是官式旋子彩画。

张： 因为资料比较多，有参考资料，都照着画了。

张主任： 这个可参考的比较多，而且都是标准图谱。现在明式彩画风格各异，戏台、关帝庙、文昌阁什么时候修的都是看这些题字，乾隆五十七年重修，包括文昌阁上面道光二年谁谁重修，都写得很清楚。包括上面左哨右哨是谁，中军是谁，重修的（时候）都写得很清楚。

张： 这影壁也是老的？

张主任： 是老的。"文革"期间写标语的时候在影壁上面抹了一层泥，影壁上面的水泥跟下面的泥拆掉。影壁里面应该跟马道里面的影壁是一样的。"文革"时候为了写标语在上面抹了一层泥，但这些都属于历史信息，我们维修的时候没有过度恢复，文物保护维修就是最小干预嘛，尽量没有把它再往前恢复。

张： 这个影壁和前面这个牌楼有点重叠，这个牌楼肯定也是老的吧，没动过？

张主任： 牌楼没动过，这牌楼是老牌楼。"文革"期间，就剩这个牌楼没拆。按理说这个影壁材料还是很大。

张： 所以这个是道光年间修的，到底是什么时候开始建的还不太清楚？

张主任： 不清楚。

张： 因为从格局上来讲，如果能断定关帝庙是老的，它可能靠后一点，因为如果是一起修的话，它应该往后再挪一挪，格局就更合理了。

张主任： 清代以后关城维修次数还是比较多的，那时候西北收复，这边稳定着呢，所以完善的文物最多。

张： 这个土墙上面那块比较光滑，是历史上就这样还是修复成这样的？

张主任： 1986—1989年维修的时候就是这样了。当时这个墙整个拆了，里面重新夯，夯完重新抹。资料上零星记载过，这个城墙最初建城的时候只有6米，后来在正德年间又增高加筑。50年代的嘉峪关还没有建市，这个地方归酒泉管的时候进行过维修。当时这个城墙进行了包夯，明代城墙我们拆开就能看到，上面大概有四十公分，两边包夯起来的，真正的明代城墙就在里面。资料上记载正德年间它增高过，在50年代维修过一次，两边包夯完以后用土坯砌了起来。80年代维修前跺墙跟女墙不是这样的，当时放红砖，外面抹泥这层不可能缩进去，还要往里面回填东西，里面回填的是砂石还有一些垃圾，应该是50年代维修时变成这样的。后来80年代维修的时候土坯砌了没敢拆，中间是回填的，在上面打了一个混凝土垫层，大约有七八公分厚，就在拔檐砖下面。1986—1989年维修的时候把红砖全拆掉，拆掉以后里面是回填的，两边是土坯砌的，于是没再往下拆。当时上面再砌砖墙的话害怕承重不够，所以在那个上面打了层近三十公分厚的混凝土，里面加的钢筋。这次维修我们就把混凝土去掉了，1986年到2012年也已经近30年了。

张： 这次去了之后怎么处理的？

张主任： 就是全拆了，中间放三七灰土，夯实，两边原样土坯砌起来。混凝土去掉以后必须要解决跺墙、女儿墙的荷载。

张： 现在抹灰里面就都是土坯？

张主任： 就是大概三十多公分土坯，土坯里面是三七灰土整个夯起来的。

张： 以前那个土坯全拆掉了？

张主任： 拆掉了，土坯砌得比较凌乱。

张： 现在里面那个芯是明代的？

张主任： 6.2米以下的芯是明代的，两侧包夯的是50年代的。

张： 明代的老马道会不会更窄一些？

张主任： 应该是更窄点，比这个要窄得多。

张： 整个夯土城墙的收分没变？包夯了也没变？

张主任： 收分没变，包夯了还是这个斜率，这个城墙的样式也没变。这是2008年拍下的关城照片，当时城墙形制就这样，形制没变，高度应该也是这个高度。

张： 那个角楼没动过吧？

张主任： 没动过。

张： 我怀疑角楼的砖就是明代的。

张主任： 那个砖规格特别大。

张： 80年代包夯的是内部，外部没包，角楼那块怎么弄的？

张主任： 外部也包了，角楼没动。外面抹了泥，泥层下面是夯土，但是这个泥下面是土坯。

张： 明代是一直夯上去的？

张主任：一直夯上去的。当时增高的时候里面也是回填，比如这段墙，回填的我们就没动。这里面回填的就是砂石，特别结实。这个墙里面回填的也是砂石，一层卵石一层砂石，也没拆，高度就这么高，两面土坯起掉以后重新贴规整了。

张：拆的是不是最下沿？

张主任：对，再往上夯。

张：我们在关帝庙后面发现了几块砖，形制特别大，那个是老砖还是新砖？那个砖的敲击声就有点像乐器。

张主任：那是老砖。

张：那个砖比角楼的砖还大。

张主任：我们当时拆的时候，上面那层砖的大小相等，下面砖规格有大有小，那应该就是下面那层砖。文昌阁台明上面地面砖我们拆掉之后重新铺的，那个砖也是大小不一。所以我们当时把残破的砖换掉了，拆下来的老的、新的砖现在都在一处堆着呢。

张：将军府也是最近重修的？原来只剩下遗址了？

张主任：将军府是1992年重修的，原来就剩遗址了。

张：旁边那个井亭也是重修的？

张主任：应该是跟将军府一年修的。

张：碑廊是什么时候修的？天下雄关碑呢？

张主任：碑廊是2002年修的，都是一起的，连亭子都是2002年修的。

张：包这个城墙在您工作后有没有动过？

张主任：没有，这个城墙裂缝都很明显。当时方案组准备维修裂缝，然后来了好多专家，说这个裂缝是稳定的。现在维修的措施就是注浆，注浆完了以后把缝再填掉，因为害怕注浆的颜色掌握不好，造成二次破坏，所以建议这缝不要动，就这样让它开着，它是稳定的。把它整整齐齐补起来，一个缝都没有，这毫无意义。所以这些裂缝就被全部保留下来，没有动。

这些柳叶钉之前都是挂了匾的，在"文革"之前，这里面挂的匾特别多。后来匾全拆了，柳叶钉留下了。

张：这个匾是什么时候的？

张主任：应该都是清代和民国时期的。

张：这应该都有老照片吧。

张主任：没有照片，有人整理过匾的内容，但是没有实物。这些匾在"文革"

时期被拆下来之后，要么当了床板，要么当了家具。嘉峪关和酒泉这边地方志特别简单，没有细节记录，哪年修了什么根本没有太详细的记载。嘉峪关志实际上都是后来整理的，是从酒泉的志里面搜出一部分来，变成了嘉峪关的志。

张：现在这个木质踏步打不开，这个下面是砖砌踏步吗？

张主任：不是踏步，全是马道。

张：这个和关楼不太一样。

张主任：不一样。关楼那个也是后来建的。

张：乾隆朝重新做马道，现在这个格局不是乾隆朝的，那是哪一年关城马道改成踏步？

张主任：不是乾隆朝的，应该是在80年代嘉峪关重建之后重新铺的马道。重建之前，他们把嘉峪关关楼台基清理完，马道是拆掉了之后重建成那个形制的。

张：我看光化楼的台明台邦阶条石都像新的。

张主任：这个是这次换下的，阶条石是我们2012年重做的。在80年代维修的时候，资金有限，于是做的水泥的，整个打的水泥块来做的阶条石。

张：80年代前这个楼破得挺厉害的。

张主任：挺厉害的，阶条石已经找不到了，80年代那次维修资金特别有限，所以很多构建都是水泥打的，包括上面有些墁面砖都用水泥打的。

张：那这个墙呢？

张主任：墙没动。

张：柱子那次换了吗？

张主任：也没换。这次我们维修就是把水泥构件全部拆掉，换成石材的，因为原来就是花岗岩的。

张：这个地面砖都是80年代修铺的？

张主任：对，我们这次就是把它起起来之后，用三七灰土夯实，把老砖重新铺上。

张：柱础也是老的？

张主任：也是老的。

张：后来这个女儿墙重新夯高度有变化吗？原先是红砖的吧。

张主任：有变化，看老照片在五六十年代是放红砖砌十字花砌女儿墙。

张：恢复成这样是根据老照片做的？

张主任：是根据老照片恢复的，就是青砖的。

张：我那天大概量了一下女儿墙砖尺寸，也有好几种。这是一次修起来的还是分次呢？

张主任：1986—1989年维修的时候，有一部分是新砖，有一部分是找回来的旧砖，所以规格不一样。我们这次维修基本上全用的是上次的砖，达不到标准的全部换新砖。这些砖就是80年代维修的时候在周边找了一部分新砖，现场师傅又加进来一点新型砖，把这个墙砌死，所以看起来有一部分是老砖，新砖很明显。而且那个墙砌痕很明显，因为当时有些砖尺寸太大，砌的时候磨了一下。

张：北敌楼下面承台的包砖不是后来改的吧

张主任：不是，这个应该是早的。

张：北边包夯没有这边明显。

张主任：是，没有那么明显。50年代那次包夯，照片上显示着正在包夯，至于关城所有的墙都包夯了还是局部包夯，这个不清楚。因为当时有些墙整个塌了，所以就整个包夯了。我们看老照片，很简单地记载这里做了喷浆实验，在支着架子包夯。至于是全城包夯还是局部包夯，没有记载那么详细。我们把这个墙打开以后，中间那个芯是三段，外面四十公分，中间是夯土的，包夯的痕迹很明显。所以这个东西很难理解，在几十年以后从土质上根本看不出来夯法的，因为我们这边的夯法是放椽子，不是放木板。新中国成立以后对关帝庙的维修都是工程资料，没有详细记录怎么修的，都是修好就完事了。还不如清代，清代哪块修了哪块破了都有档案。后来的维修，很不规范，修完就没事了，也没有验收也没有报告。我们查的1980年到1989年的维修资料，只有薄薄的两本，用钢笔写的，记录了哪天给谁汇报了，哪天开了个会说了什么，但是具体怎么维修的没有记录，所以这个资料特别缺乏。我们上次维修把八几年的资料全部翻出来看了一遍，特别简单，根本看不出来怎么修的，用的什么土。

张：那咱们去朝宗门看一下，朝宗门的前墙我觉得是后来砌的。

张主任：朝宗门前墙这次我们维修拆了重砌的。

张：您说的是哪次？

张主任：2012年的时候。

张：因为明显山墙和后檐墙砖的尺寸不一样，屋顶也是2012年重新修的？

张主任：对，屋顶也是2012年重新修的，样式还是依照原来的样式。

张：那2012年这次应该有比较详细的记录。

张主任：有。这个墙和会极门的前墙，因为都有些歪了，所以我们2012年维修时拆了重新砌的。但是梁架都没有动，所有的屋面2012年维修的时候全部拆了重新做的苦背，原来苦背上没有灰背，我们这次维修的时候做了一层灰背。

张： 在这之前可能五六十年代也修过？

张主任： 修过。

张： 因为这边基本都是望板，到了关帝庙和戏台基本都是苇席了，那个是乾隆朝修的时候的做法？

张主任： 戏台的抱厦，就中间有个天井，那块是苇席，剩下其他地方都是望板。文昌阁的顶上也是草席。

张： 本来这个草席是嘉峪关的地方做法？

张主任： 是地方做法，就做滑秸泥，不做白灰背。

张： 但是关城里面房子都比较规矩，是河西传统的椽花和望板？

张主任： 对。

张： 咱去南敌楼看看。这个排水以前是怎么做的？

张主任： 这个原来就是排水口，没有舌头，因为这边雨水少，直接能排出去。后来80年代维修的时候里面放了铸铁管。

张： 铸铁管一直到哪呢？

张主任： 就把铸铁管拍到墙下面去，我们这次维修的时候发现铸铁管在里面断掉了。

张： 铸铁管是什么时候放进去的？

张主任： 应该是80年代那次维修包夯的时候放进去的。以前应该没有铸铁管，因为那个铸铁管的工艺是现代工艺，但它不起任何作用，所以这次我们换成了镀锌管，直接排下去，连到排水沟上。上面的水下去直接进到排水沟，排到城外去。

张： 嘉峪关每年最大降雨量是多少？

张主任： 这几年的降雨量大，以前降雨量不大，看南敌楼就很清楚。为啥南敌楼左右各加了一个落水管呢，因为2015年那次暴雨，一天的降雨量值达到了70多厘米。这个管子起到很大作用。下暴雨的时候我打着伞上来了，承台上的水在排水管那儿像旋涡一样，前面和中间排水沟两边水落下去正好就落在墙上了，墙被冲了个大洞。我一看觉得不行，趁着施工单位还在，将两根落水管直接架到瓦上去，把水先排掉，后来再把冲坏的地方补了一下。那天墙被冲得很厉害。

张： 气候资料很重要，大气候变化对原来建筑材料影响很大。

张主任： 这个城墙（南敌楼两侧）墙就是80年代维修的时候里外都包了一下，

外面很明显，打了一个圈梁。

张：这比较明显，后面有个沉降。

张主任：维修的时候这个梁架（南敌楼梁架）歪得特别厉害，整个向南斜过去，所以我们当时以打牮拨正的方式把柱子挖正了。

张：这是2012年做的？

张主任：是2012年，打牮拨正之后，把整个柱子拉直。

张：彩画没动吧？

张主任：也是重新绘的。

张：也是2012年？

张主任：对。

张：这个档案里面记载的是叫观音庙。

张主任：对，前面（北敌楼）是真武庙。

张：那是什么时候改成南北敌楼的？

张主任：大家为了讲解，对外开放的时候改了说法。"文革"的时候已经把塑像清理了，就两个空房子了。

张："文革"前塑像还在？

张主任：对。

张：还有照片吗？

张主任：没有照片。

张：其实把它说成真武庙更合理。

张主任：这个就是当时我们这边的管理者这样改的，严格来说这两个不是敌楼。

张：对，这样的话就符合中国传统了。儒释道就都有了，北面是真武帝，真武帝实际上是永乐皇帝的化身。

张主任：这个原来都在内城，后来搬到了城上面，过程都有记载。当时修这两个（敌楼）的时候就是为了真武大帝而修的，并不是敌楼。而且为啥下面都是包砖的，就是因为它是最后建成的。而且这柱子下面有贯通的梁，因为原来这里修的是城墙枕，上面扩大了修这个建筑，这个柱子没出来，柱子下面也没放柱础，就是一个地梁，地梁上立柱。我们在维修的时候，把柱子清开，发现地梁被火烧过，断成了三截。

张：现在看来就是李自成毁过一次。

张主任：所以我们当地解说这个（敌楼）是放兵器的地方，其实不是。

张：其实这个解说词该改就改回来，这样更有意思。文化多元比说它是敌楼要有意思。

张主任：信奉关公是很正常的。

张：中国民间盖一个三间的殿，有可能中间供的是释迦摩尼，旁边供奉的是关帝，这是按照民间需求来的。

张主任：这两个庙不一样，作用不一样，形制就不一样。供的神不一样，修的形制规格都不一样。

张：应该是乾隆朝就把这两个修起来了，但是之前也有东西，有一个旧的观音庙和一个旧的真武庙。都是两卷前出抱厦。

张主任：因为我们这边人不看古建史，不知道这是什么屋顶，包括戏台那个屋顶，我们也不知道它是歇山的还是硬山的，都不知道它叫抱厦。一般在大点的古建筑群里抱厦很常见。

张：对，一般为了让房子的进深变得更大。这个就是地梁的出头吧？

张主任：对。

张：这个地梁也没换？

张主任：没换，我们把烧断的地方做了一个接口。

张：那几个补的（城墙）就是局部塌的？

张主任：像那一块（南敌楼西侧）是之前塌的，我们又补了一下。但是这边墙没动，你看这个夯土表层残存的土坯都很明显。那边的就是塌掉又抹上补起来的（柔远楼城墩下部围墙）。你看下面这个长草的地方，就是排水沟，整个排水沟是用砖砌的。

张：这个用石子做也挺好的，效果也不错。

张主任：整个排水沟是方砖，上面搭盖板盖住的。

张：那我们这个夯土墙最底下怎么做的？

张主任：做了个散水。

张：具体怎么做的？我看有的地方做了个鹅卵石的底。

张主任：鹅卵石都是五六十年代维修时候填上去的，你看那个鹅卵石是放在水泥上的。

张：对，它上面是阶条石，一般阶条石已经到底了。

张主任：嗯，这个是后来为了加固又用水泥砌的。你看这个砖规格大，就是明代的。

张：对，应该是明代就有这个东西，因为清代的包砖也没提这个。2012年维修柔远楼和修山花的时候调整大吗？

张主任：山花都没动，主要结构都没动，就是把屋面拆掉之后重新做了苫背，把窗棂格栅的木构件换了一下。

张：那三层的窗户一直都是死扇么？

张主任：一直都是这个样式。我们当时也想把这个彩画恢复成清式彩画，但是资料少，国家也没批下来。像这个会极门的前城墙也是重新砌的。

张：对，这个能看出来，砖的尺寸和颜色明显都不一样。

张：我们测量了一下，光化楼和柔远楼的一层角梁基本上是平的，但是关楼后尾稍微抬高了10~12厘米。

张主任：因为这个关楼是复建的，所以这个里边的用料要稍微规整一点。

张：那个两边的箭楼之前叫看守房，他一直都是没有门的么？

张主任：嗯，一直都没有门。

张：整个城从西往东大概高了1.5米，这个城台也是这个角低。

张主任：我们当时修这个城墙的时候，从这个西北角到那个东北角落差有1米多。

张：这个落差是历史上就有还是后来改夯造成的？

张主任：历史上就有。这个地势我们感觉是平的，其实是个斜坡。这个关城到东闸门的落差为4米。所以城墙是修在坡上的，我们是看不出来的。

张：这个城台变形是渗水导致的？

张主任：对，是渗水导致的，我们已经做完维修了。我们把整个城台上的土往上起了50公分左右。

张：那城台上面拆砌的照片有么？

张主任：照片有，回头我拿给你看一下。这个城台重新夯了一下，夯完以后重新铺的地砖。

张：会极门什么时候的？

张主任：这个不好说。前面的"欠账"太多。

张：对，这个要慢慢补。这个鹅卵石，以前这个石头是落在什么地方的呢？

张主任：下面这个石头就落在地上，它没做基础。

张：那就是后来这个地面往下降了。

张主任: 对,下降之后露出来,你看它是水泥砌的。

张: 对,我就觉得特别奇怪,一般砖石墙是包的,应该先做一条地栿石,再往上起条石,再往上起砖,这里下面这一层反而被抠掉了。那这个排水沟是老的对吧?

张主任: 对。

张: 因为乾隆朝包砖的时候考虑到了这个排水沟。我觉得一般的场地都会因为风沙,土越积越多,但是这怎么变低了。

张主任: 是新中国成立后的历次维修把它做成这样的。

张: 而且这个地方特别奇怪,一进这个门(会极门)就像下了坑一样。这个是什么时候改的,地面是不是调整过?

张主任: 从缓坡上来,这边比较高,这个之前是一个小缓坡。为什么高差这么明显?是因为后来为了铺这层石材做出来的。以前不铺石材,它是慢坡下去的,你根本看不出来这么大的坑。

张: 关楼当年的资料应该比较清楚吧,这个复建的材料有没有?

张主任: 没有。

张: 就是说它是照着光化楼、柔远楼做的?

张主任: 我那有一张图纸,蓝图。这些楼在维修的时候我全都爬过。

张: 这个(梯子)就是成本低,方便快捷。脚手架成本高,想挪还不好挪。

张主任: 当时这个走马板的画,梁架的彩画,全是爬脚手架拍的。

张: 当时关楼是地方队伍修的?

张主任: 这个不是,这个是陕西那边的工程队修的。然后2012年维修是山西省的古建队伍维修的,因为这个风格跟山西的风格有点像。

张: 因为好多大木匠都按照自己常用的方式来做,他没有关注到这个角梁,这两个都是平的,关楼这个角梁还是做的斜的。特征一比较就出来了。

张主任: 这个楼应该是现在陕西文化遗产研究院的前身来修的。

张: 现在就是山西、陕西的队伍比较强。那两个箭楼就没啥变化了?

张主任: 没啥变化。

张: 也是2012年做的屋顶?

张主任: 2012年做的屋面,彩画重新做的。

张: 也就是现在我们看到的彩画基本上都是2012年画的?

张主任: 对,戏台和牌坊是老的,文昌阁也是重绘的。

张：内外都是重绘的？

张主任：都是，除了梁架题记没动。

张：那戏台里边也是？

张主任：题记没动，彩画也是原来的。

张：其实可能只有戏台里是清代的彩画了，有点地方特征。

张主任：后来我看老照片，整个楼子彩画都是戏台那种。

张：好，那就先这样，这次采访也一个半小时了。

张主任：行。

结 语

天津大学古建筑测绘实习系列丛书编写工作始于2018年9月，历时两年，经过多次修订、增补、校正，即将于2020年付梓，其中少不了各方的大力支持，在此对嘉峪关丝路（长城）文化研究院等单位以及相关人士表示十分的感谢。

为了弘扬历史建筑文化，加强大众对于古建筑的了解与认知，增强对文化遗产的保护意识，自2018年7月古建筑测绘实习开始，天津大学建筑学院师生都在思想上做出了一些改变。本着纪实测绘过程的初衷，师生在测绘起始阶段一直到编辑出版都保持着记录的意识与习惯，并对于出版内容的形式做出了创新性的改变，增加了新媒体板块，增加了测绘工作成果的可读性。希望此书的出版，能让更多热爱古建筑的各界人士对它有更深更全面的了解。

在整理出版此书的过程中，我们还结合了书同文、爱如生古籍数据库以及中华经典古籍库的影印版资料，以多代学者的文献研究成果为基础，进行了嘉峪关相关课题历史研究，并在测绘现场访谈了不同年代参与修缮嘉峪关的工匠，记录整理口述史，旨在以更广的视角看待嘉峪关这一遗留下来的珍贵文化遗产。测绘过程中，天津大学建筑学院还运用了三维激光扫描技术与BIM相关软件进行建模实验，将嘉峪关历史信息数字化，以便后续学者进一步研究。我们也将在此基础上继续努力，在嘉峪关文化研究上做出自己的贡献。

当然，本书内容只是测绘实习阶段性的教学成果，鉴于编者能力有限，如有错漏，恳请专家、读者指正和批评！

参考文献

[1]李严，张玉坤，李哲，等.明长城防御体系整体性保护策略[J].中国文化遗产，2018（3）：48-54.

[2]赵亚军.从"内疆"到"外城"：明代对哈密的经略[D].武汉：华中师范大学，2017.

[3]陈杰.《甘肃镇战守图略》释读[J].档案，2016（5）：51-53.

[4]常玮.明长城西北四镇军事聚落研究[D].天津：天津大学，2016.

[5]刘建军.明长城甘肃镇防御体系及其空间分析研究[D].天津：天津大学，2013.

[6]刘碧峤.明长城肃州路嘉峪关防区军事防御体系研究[D].天津：天津大学，2012.

[7]李严，张玉坤，李哲.长城并非线性：卫所制度下明长城军事聚落的层次体系研究[J].新建筑，2011（3）：118-121.

[8]赵现海.明代总兵制度的起源[C]//中国社会科学院历史研究所明史研究室.明史研究论丛：第九辑，北京：紫禁城出版社，2011.

[9]孟媛媛.明前期军事镇戍制度形成研究[D].哈尔滨：黑龙江大学，2011.

[10]赫志学.明代哈密卫研究[D].兰州：西北师范大学，2008.

[11]程利英.明代西北边疆政策与关西七卫研究[D].兰州：西北师范大学，2004.

[12]高启安，台惠莉，校注.肃镇华夷志[M].兰州：甘肃人民出版社，2006.

[13]高凤山，张军武.嘉峪关及明长城[M].北京：文物出版社，1989.

[14]张晓东.嘉峪关城防研究[M].兰州：甘肃文化出版社，2013.

[15]马炳坚.中国古建筑木作营造技术[M].北京：科学出版社，1991.

[16]刘大可.中国古建筑瓦石营法[M].北京：中国建筑工业出版社，1993.

[17]高凤山.万里长城：嘉峪关[M].北京：文物出版社，1982.

[18][明]李应魁，高启安.肃镇华夷志[M].兰州：甘肃人民出版社，2006.

[19]王忠强.嘉峪关[M].长春：吉林文史出版社，2010.

[20]米华建.嘉峪关外：1759—1864年新疆的经济、民族和清帝国[M].香港：香港中文大学出版社，2017.

[21]吴葱，唐栩.甘青地区传统建筑研究综述[C]//东亚建筑文化国际研讨会论文集，南京：东南大学，2004.

附表：嘉峪关关城测绘分组名单

组号	负责建筑	人数	组员（第一位为组长）	研究生负责人	指导教师
1	嘉峪关楼	5	兰迪 张敏琦 李馥含 李晓曦 郭布昕	杨家强 阙然儿 李梦思 殷永生 郭满	王其亨 张龙 张凤梧 白成军 来琳
2	柔远楼	5	张岱 陈载宇 毕梓桉 刘智娟 张爽		
3	光化楼	5	曾程 丁昊翔 金子琪 何欣南 国雪涵		
4	文昌阁	5	郑钰航 程良昊 毕心怡 王一月 胡慧寅		
5	戏台	5	张晶枚 杨扬 姜悦宁 呼日 张坤		
6	东北角楼 西北角楼 北敌楼	2	侯宇昂 胡袁红	张恒显 王晴	
	东南角楼 西南角楼 南敌楼	2	呼延正宇 迟冰钰		
7	箭楼	2	许智雷 韩帅		
8	关帝庙	6	王一 韩志琛 黄雨欢 张茜 杨锴文 陈俊杰	王奥怡	
9	瓮城城楼 （朝宗门，会极门）	2	白慧 吕志宸		
10	游击将军府、碑亭	9	刘一铭 方蕴涵 陈乃琦 庞苦云 卢见光 陈锴迪 刘畅 张孟源 郗瑞南	刘生雨	
11	东闸门	2	吴建楠 赖宏睿		
12	总图	3	陈雅琪 费扬 赵浩达		
13	三维扫描组	6	张志强 张志勇 张珊 李小燕 张建亲 冯昆	谢家良	